汽车排放污染控制系统
简明教程

编著单位：中国环境保护产业协会机动车污染防治专业技术委员会
中国汽车技术研究中心

武汉理工大学出版社

《汽车排放污染控制系统简明教程》编著委员会

顾　问：汪　涛　丁　焰　龚慧明

主　编：李孟良　周　华

副主编：方茂东　侯献军　王计广

参　编：（按姓氏首字母排序）

戴春蓓　付铁强　高俊华

陆红雨　李菁元　徐月云

主　审：高　莹

前　言

　　截至 2014 年底，全国机动车保有量达 2.64 亿辆，其中汽车 1.54 亿辆。随着机动车保有量的快速增加，我国城市空气开始呈现出煤烟和机动车尾气复合污染的特点，机动车污染已成为我国空气污染的重要来源，是造成灰霾、光化学烟雾污染的重要原因。

　　机动车环保定期检验是控制机动车排气污染最直接、最有效的手段。为了加强机动车环保检验管理，深化机动车污染防治工作，2013 年环境保护部组织制定了《机动车环保检验管理规定》，其中明确规定：环保检验包括检测尾气排放、查验排放控制装置、登记机动车环保管理信息。由于机动车排放控制技术升级快，排放控制装置结构复杂，如何准确有效地查验排放控制装置给机动车环保定期检验和环保监督抽测等带来了巨大的挑战。因此，在能源基金会的支持和环境保护部机动车管理部门的指导下，中国环境保护产业协会机动车污染防治专业技术委员会组织编写了《汽车排放污染控制系统简明教程》。

　　本书在编写过程中，得到了环境保护部污染防治司大气与噪声污染防治处汪涛、环境保护部机动车排污监控中心丁焰和能源基金会龚慧明等多位专家的指导，也得到电装(中国)投资有限公司上海分公司杨雄、霍尼韦尔汽车零部件服务(上海)有限公司王环、四川中自尾气净化有限公司孙浩、潍柴动力股份有限公司陶建忠等单位的专家的大力支持。初稿完成后，由吉林大学高莹教授负责主审。

　　由于编者学识有限，书中错误和疏漏之处在所难免，恳请读者批评指正。

编　者

二〇一五年四月

Contents
目 录

1

汽车排放污染物及控制技术概述

本章主要介绍汽车排放污染物对环境的危害、来源及形成机理,以及汽柴油发动机排放控制技术的发展历程。

1.1 汽车排放对环境的危害

汽车有害排放物严重威胁着大气环境质量。截至 2014 年底,全国机动车保有量达 2.64 亿辆,新车登记注册量增长速度约为 2000 万辆/年,2005—2013 年全国汽车登记注册量见图 1-1。我国机动车迅猛增长带来的污染问题日益突出,机动车尾气排放已成为我国空气污染的主要来源,是造成灰霾、光化学烟雾污染的重要原因。以北京市主要污染物的机动车排放分担率为例,一氧化碳分担率为 86%,氮氧化物分担率为 57%,碳氢化合物分担率为 38%,细颗粒物 $PM_{2.5}$ 分担率为 22.2%。由此可见,必须大幅降低机动车污染物排放,才能够显著地改善大气环境质量。

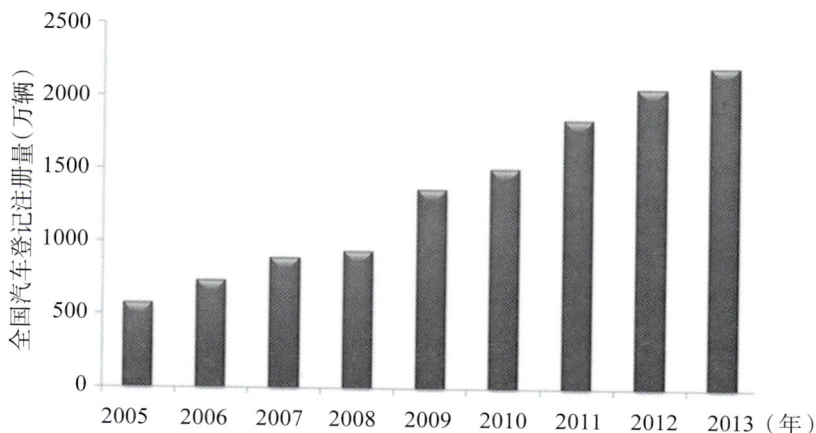

图 1-1 2005—2013 年全国汽车登记注册量

1.2 汽车排放污染物的来源及形成机理

汽油车和柴油车由于燃用的燃油、发动机结构、混合气形成方式和燃烧方式等方面不同,其污染物排放的特点也不同:①汽油具有很强的挥发性,而柴油很难挥发,因此汽油车污染物中有燃料蒸发排放物,其组分是碳氢化合物;②汽油车污染物排放的特点是一氧化碳、碳氢化合物排放量高,而颗粒物排放量低,氮氧化物排放与柴油车基本相同;③柴油车排放特点是颗粒物和氮氧化物排放量多,而一氧化碳和碳氢化合物排放量少。此外,柴油机排放中会有臭味的有机气体。

汽油车排放污染物的主要来源:①排气管排放的气体污染物和颗粒物,气态污染物主要包括一氧化碳、氮氧化物和碳氢化合物,以及大气温室效应气体CO_2;②汽油燃料供给系统中直接排出的蒸发排放物,主要成分是汽油中低沸点的轻质成分(碳氢化合物);③发动机曲轴箱通气孔或润滑油系统开口处排放到大气中的曲轴箱窜气(通过活塞与气缸壁以及活塞环端隙等处泄漏入曲轴箱中),其成分包括气缸中未燃混合气、燃烧产物、部分燃烧的燃油以及少量的润滑油蒸气,见图1-2。

油箱燃油蒸发排放

发动机

曲轴箱排放

排气管尾气排放

图1-2 汽油车排放污染物的主要来源

柴油车排放污染物的主要来源:①排气管排放的气体污染物和颗粒物。

气体污染物主要包括一氧化碳、氮氧化物和碳氢化合物，以及大气温室效应气体CO_2；颗粒物由多种多环芳烃、硫化物和固体炭等组成；②发动机曲轴箱通气孔或润滑油系统开口处排放到大气中的曲轴箱窜气（通过活塞与气缸壁以及活塞环端隙等处泄漏入曲轴箱中），其成分包括气缸中未燃混合气、燃烧产物、部分燃烧的燃油等以及少量的润滑油蒸气。

汽车排放的主要污染物的形成机理及主要危害：

1）一氧化碳

★ **形成机理**：汽车排放的一氧化碳主要是由于气缸中氧气不足导致燃油不完全燃烧产生的。此外，进气温度、进气压力、怠速转速以及发动机工况等均影响一氧化碳排放。

★ **主要危害**：一氧化碳主要与血液中血红蛋白结合，危害中枢神经系统，引起头痛、头晕、呕吐等中毒症状，严重时会导致死亡。

2）氮氧化物

★ **形成机理**：氮氧化物主要指一氧化氮和二氧化氮两种，其中一氧化氮占90%以上。氮氧化物的生成需要同时具备以下三个条件：

①高温。一般认为当燃烧温度高于2300℃时会开始生成大量的氮氧化物。

②富氧。高浓度氧的环境。

③持续时间。缸内处于高温、富氧的持续时间越长，氮氧化物的生成量越多，反之越少。

★ **主要危害**：氮氧化物是形成酸雨、酸雾的主要原因之一，还会与碳氢化合物形成光化学烟雾，同时会诱发慢性咽炎、支气管哮喘等疾病。

3）碳氢化合物

★ **形成机理**：碳氢化合物的生成主要由火焰在壁面淬冷、狭隙效应、润滑油膜的吸附和解吸、燃烧室内沉积物的影响、体积淬熄及碳氢化合物的后期氧化所致。

★ **主要危害**：碳氢化合物和氮氧化物在紫外线的作用下，会产生光化学烟雾，其最突出的危害是刺激眼睛和上呼吸道黏膜，引起眼睛红肿和咽喉炎。

4）颗粒物

★ **形成机理**：汽车排放的颗粒物一般由高度凝聚的固态含碳物质、灰分、可溶性有机成分 SOF（Soluble Organic Fractions）和硫酸盐等组成。在高压燃烧条件下，燃料局部高温、缺氧、裂解并脱氢，形成以碳为主要成分的固态小颗粒；SOF 主要来自挥发的燃料和润滑油，其中机油显著影响 SOF 的生成数量；硫酸盐主要来自燃料中的硫，柴油中 98% 的硫生成二氧化硫（SO_2），残留部分为硫酸盐；灰分主要来自燃料和润滑油中的金属成分。

★ **主要危害**：颗粒物中含有苯并芘等致癌物质，人体吸入后会损伤肺泡和黏膜，引起肺组织纤维化，导致肺心病，诱发慢性鼻咽炎、慢性支气管炎等一系列疾病。图 1-3 给出了不同粒径的颗粒物在人体的侵害部位。

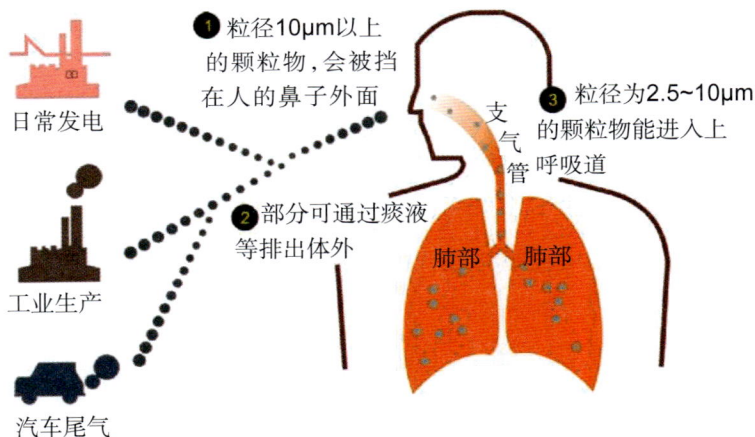

图 1-3　不同粒径的颗粒物对人体的侵害

1.3　汽车排放标准升级推动排放控制新技术应用

随着世界各国对汽车排放污染的日益重视，各国政府不断加严汽车排放法规；汽车企业通过优化发动机的工作过程，提高燃料的燃烧效率，改进燃油品质，减少发动机的排放，或者采用尾气净化技术，或者采用清洁燃料动力系统等其他方式，来满足政府不断加严的排放法规。

1.3.1　汽油机排放控制技术

汽车排放控制技术分为机内控制技术和机外控制技术两种（后面详细介绍），见图 1-4。从 20 世纪 60 年代对汽油车的排放进行控制以来，汽车企业采取了各种措施来降低排气管、燃油蒸发和曲轴箱泄漏等三种来源的污染物排放。

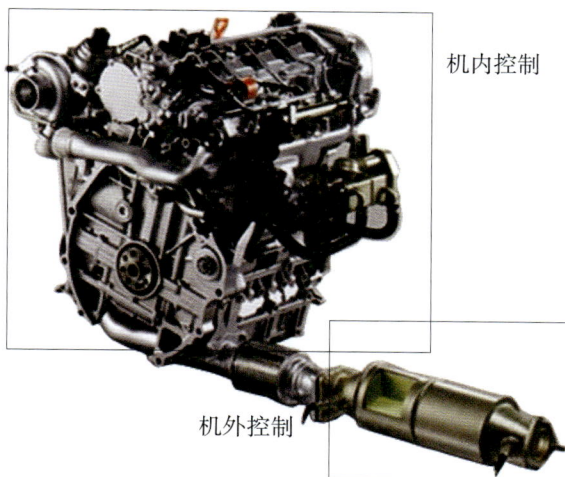

机内控制

机外控制

图 1-4　汽油机排放控制技术

燃油蒸发排放和曲轴箱泄漏排放的控制方法相对简单，多年来一直分别采用活性炭罐吸附技术和闭式曲轴箱通风系统。

活性炭罐是排放控制系统中一个关键的部件。由于活性炭具有吸附功能，当汽车运行或熄火时，燃油箱的汽油蒸气通过管路进入活性炭罐的上部，新鲜空气则从活性炭罐下部进入活性炭罐。发动机熄火后，汽油蒸气与新鲜空气在罐内混合并贮存在活性炭罐中。发动机工作时，通过炭罐控制阀将活性炭罐中吸附的汽油蒸气导入发动机进气系统中进行燃烧。电喷系统的控制单元决定控制阀体的开闭程度。活性炭罐在汽车上的安装位置见图 1-5，炭罐实物见图 1-6。

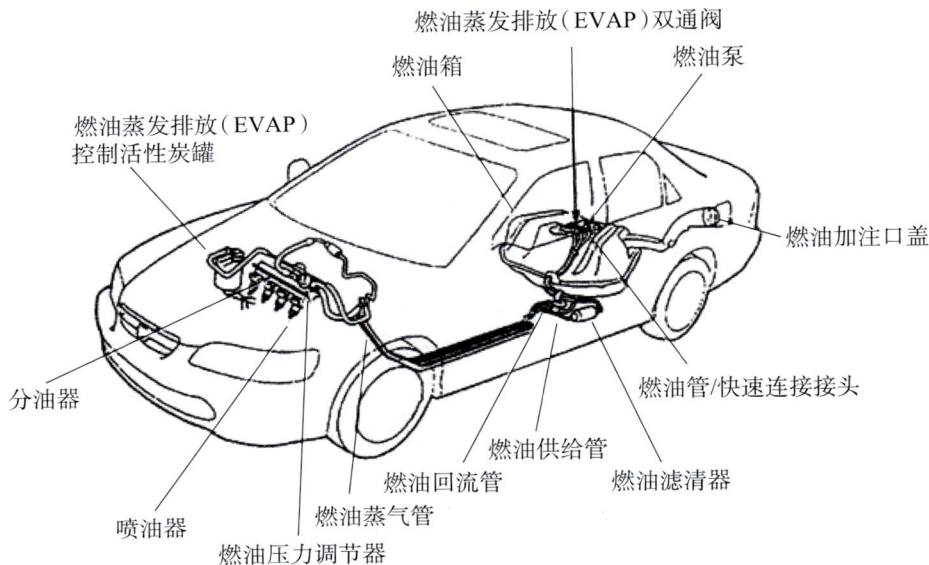

图 1-5　活性炭罐在汽车上的安装位置

燃油蒸发排放（EVAP）双通阀
燃油箱
燃油泵
燃油蒸发排放（EVAP）控制活性炭罐
燃油加注口盖
分油器
燃油管/快速连接接头
喷油器
燃油蒸气管
燃油供给管
燃油回流管
燃油滤清器
燃油压力调节器

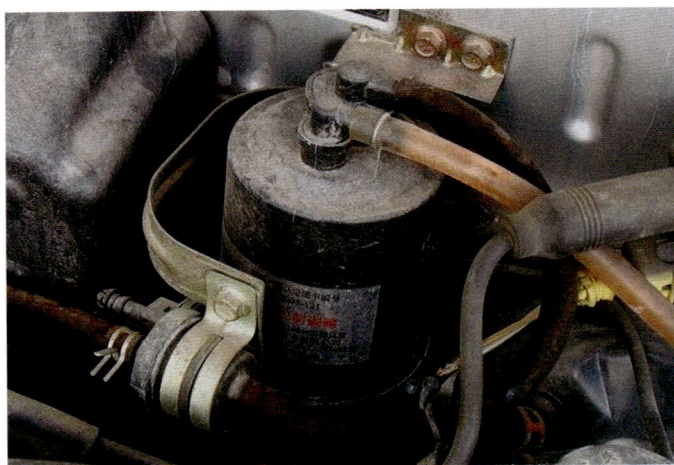

图 1-6　活性炭罐实物

　　发动机工作时,燃烧室的高压可燃混合气和已燃气体,或多或少会通过活塞组件与气缸壁之间的间隙漏入曲轴箱内,造成窜气,见图1-7。窜气的成分为未燃的燃油气、水蒸气和废气等,它们会稀释机油,降低机油的使用性能,加速机油的氧化、变质。水汽凝结在机油中,会形成油泥,阻塞油路;废气中的酸性气体混入润滑系统,会导致发动机零件的腐蚀和加速磨损;窜气还会使曲轴箱的压力过高而破坏曲轴箱的密封,使机油渗漏流失。

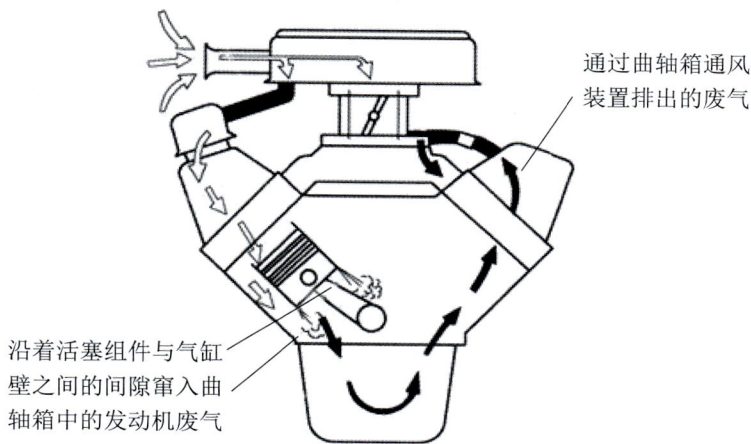

图 1-7　曲轴箱窜气形成机理

为防止曲轴箱压力过高,延长机油使用期限,减少零件磨损和腐蚀,防止发动机漏油,必须实行曲轴箱通风。工作原理是在空气滤清器与节气门之间增加一根与曲轴箱连通的通风管,新鲜空气先经空气滤清器、通风管进入曲轴箱中与窜气混合,在进气管真空作用下经过 PCV 阀进入气缸进行燃烧。当发动机在大负荷下工作时,多余的窜气经通风管进入空气滤清器后方,与发动机进气混合进入气缸进行燃烧。闭式系统既不会使窜气排入大气,又能用新鲜空气进行曲轴箱换气,通风管布置见图 1-8。

汽车排气管排放的控制一直是污染物控制的重点,控制技术主要包括机内控制技术和机外控制技术两个方面。不同排放阶段下,汽油机典型的机内排放控制技术与机外排放控制技术发展见表 1-1。

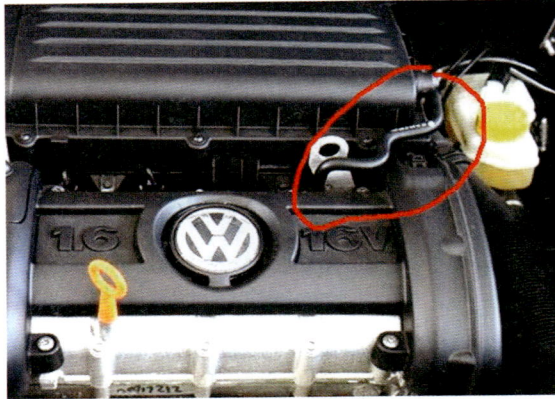

图 1-8　曲轴箱通风管在汽油车上的布置

表 1-1　汽油机典型的机内排放控制技术与机外排放控制技术发展

排放标准	相对上一阶段限值污染物的削减率	典型的机内排放控制技术特征	典型的机外排放控制技术特征
国Ⅰ阶段 / GB 18352.1—2001		多点电喷（MPI）	三元催化转化器+前氧传感器
国Ⅱ阶段 / GB 18352.2—2001	$CO-20\%\sim60\%$； $HC+NO_x^{(1)}-50\%$； $PM^{(1)}-50\%$	多点电喷（MPI）+机内优化设计	三元催化转化器+前氧传感器
国Ⅲ阶段 / GB 18352.3—2005	$CO-40\%$； $HC-60\%$； $[HC+NO_x^{(1)}]-40\%$； $PM^{(1)}-50\%$	多点电喷（MPI）+机内优化设计	三元催化转化器（紧耦合式/底盘式/紧耦合式+底盘式）+前后氧传感器； 三元催化转化器涂层改进、催化剂加热、安装位置前移等
国Ⅳ阶段 / GB 18352.3—2005	$CO-30\%\sim50\%$； $HC-50\%$； $[HC+NO_x^{(1)}]-50\%$； $PM^{(1)}-50\%$	多点电喷（MPI）/缸内直喷（GDI）+机内优化设计（+废气再循环）	三元催化转化器（紧耦合式/底盘式/紧耦合式+底盘式）前后氧传感器； 三元催化转化器缩短起燃时间、进一步改进涂层等；二次空气喷射系统等
国Ⅴ阶段 / GB 18352.5—2013	$CO-30\%\sim50\%$； $HC-50\%$； $[HC+NO_x^{(1)}]-50\%$； $PM^{(1)}-50\%$	多点电喷（MPI）/缸内直喷（GDI）+机内优化设计（+废气再循环）	三元催化转化器（紧耦合式/底盘式/紧耦合式+底盘式）+双氧传感器； 三元催化转化器高效涂层、缩短起燃时间）；二次空气喷射系统；废气再循环等

（1）仅针对压燃式发动机的汽车

表 1-1 中所述机内控制技术主要包括发动机空燃比控制、点火正时控制(如推迟点火提前角)、燃烧系统优化、高压旋流喷油器、连续可变气门定时机构、电动连续可变气门定时机构等。在此不再详细描述各个机内控制技术。

机外控制技术包括各种催化净化器、热反应器、二次空气系统等,在发动机外进一步降低污染物的排放。目前,三元催化转化器是安装在汽油车排气系统中最重要的机外净化装置,安装在汽车底盘下的底盘式三元催化转化器见图 1-9(安装在排气歧管处的紧耦合式三元催化转化器参见第 7.2 节)。

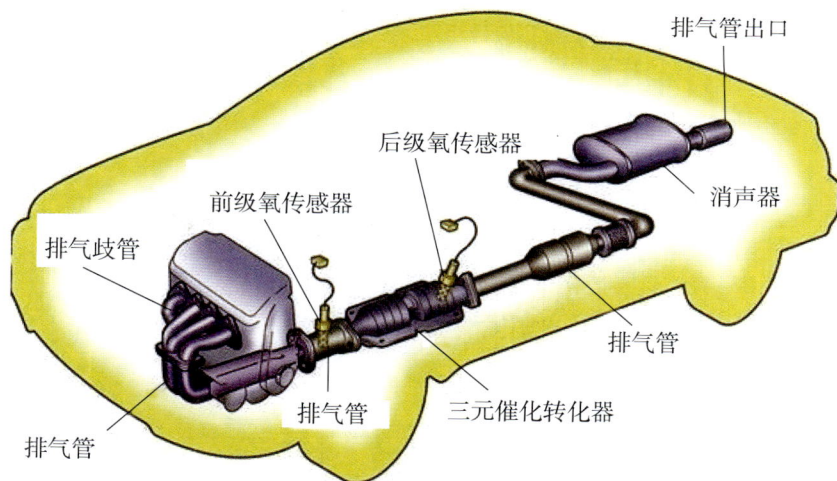

图 1-9 三元催化转化器在汽车中布置的主要形式之一

从国 I 阶段起汽油发动机已采用电子控制燃油喷射技术。目前,闭环电子控制燃油喷射+三元催化转换器是国际上汽油车排放控制的基本技术。

原国家环境保护总局(现环境保护部)公告(2005)14 号颁布《轻型汽车污染物排放限值及测量方法(国Ⅲ、国Ⅳ阶段)》(GB 18352.3—2005)正式明确了我国对 OBD(On-Board Diagnostic)系统的技术要求。

OBD 系统应能监测多个系统和部件,包括发动机、催化转化器、氧传感器、排放控制系统、燃油系统、EGR 等,当这些被监测的系统或部件发生故障时,应向驾驶者发出警告。

1.3.2 柴油机排放控制技术

柴油车排放的污染物主要来自排气管和曲轴箱泄漏排放，其排气管排放的控制技术分为机内控制技术和机外控制技术两种。

目前国内外柴油机企业在不同排放阶段下所采用的柴油机排放控制技术，柴油机典型的机内排放控制技术与机外排放控制技术发展见表 1-2，（具体技术及工作原理参见第 2 章）。我国不同排放阶段柴油车排放控制装置典型的技术路线见表 1-3。

表 1-2　柴油机典型的机内排放控制技术与机外排放控制技术发展

排放标准	相对上一阶段限值 NO_x 和 PM 削减率	典型的机内排放控制技术特征	典型的机外排放控制技术特征
国Ⅰ阶段 /GB 17691—2001		机械式燃油泵	无
国Ⅱ阶段 / GB 17691—2001	PM−50%	机械式燃油泵（喷油压力增大）	废气再循环（EGR）、涡轮增压器+中冷器
国Ⅲ阶段 / GB 17691—2005	NO_x−40% PM−50%	电控燃油喷射（如电控单体泵、电控高压共轨等）+机内优化设计	废气再循环（EGR）、涡轮增压器+中冷器及安装氧化型催化转化器
国Ⅳ阶段 / GB 17691—2005	NO_x−50% PM−50%	电控燃油喷射（如电控单体泵、电控高压共轨等，喷油压力更高）+机内优化设计	废气再循环（EGR）、涡轮增压器+中冷器以及排放后处理装置

表 1-3 我国不同排放阶段柴油车排放控制装置典型的技术路线

排放阶段	燃油喷射系统	进气	EGR	OBD	排放后处理技术
国 I 阶段	机械直列泵（＞700bar） 机械单体泵（＞800bar） 机械分配泵（＞650bar）	涡轮增压	无	无	无
国 II 阶段	机械直列泵（＞850bar） 机械单体泵（＞900bar） 机械分配泵（＞750bar）	涡轮增压+中冷	无	无	无
国 III 阶段	电控分配泵（＞900bar） 电控直列泵（＞1100bar） 电控单体泵（＞1250bar） 高压共轨系统（＞1250bar）	涡轮增压+中冷	有 无	无	DOC（少量发动机装配）
国 IV 阶段	电控分配泵（＞1450bar） 电控单体泵（＞1600bar） 高压共轨系统（＞1600bar）	涡轮增压+中冷	有 根据技术路线	有	轻型：DOC 或 DOC+POC 中重型：EGR+DOC 或 SCR

2

柴油机排放控制系统工作原理及发展

本章主要从柴油机燃油系统、进气增压器系统、废气再循环系统、排放后处理系统以及 OBD 系统等五个方面介绍柴油机排放控制系统的工作原理及发展。

2.1 柴油机燃油系统的原理及发展

柴油机燃油系统的功用是完成燃料的贮存、滤清和输送工作,按照柴油机各种不同工况的要求,定时、定量、定压地将雾化质量良好的柴油以一定的喷油规律喷入燃烧室,并使其与空气混合燃烧,最后排出废气。早期柴油机燃油系统是机械式的,主要由油箱、低压输油泵、燃油滤清器、高压燃油泵、喷油嘴以及油管等组成,见图 2-1。

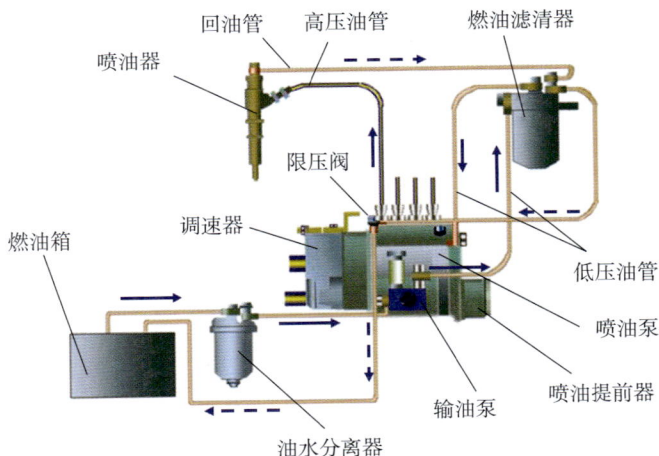

图 2-1 机械式柴油机燃油系统

　　传统机械式燃油喷射系统主要有直列式喷油泵和分配式喷油泵两种,其工作过程是:发动机曲轴通过齿轮带动喷油泵的凸轮轴转动,由输油泵把燃油从燃油箱送到输油泵,形成低压的燃油再经过燃油滤清器,一部分供给高压的喷油泵,另一部分回到油箱;进入喷油泵的燃油在燃油泵内形成高压燃油,通过高压油管,到达喷油器,当压力超过喷油器的开启压力时,喷油器开启,进行喷油。在喷油泵和喷油嘴之间有卸荷阀,多余的燃油回到燃油箱。

　　根据柴油机的工作原理,柴油喷油泵由发动机进行控制,主要体现在:发动机给喷油泵提供动力,发动机每旋转两圈,各缸各做功一次,喷油泵旋转一圈,对各缸进行一次燃油喷射,因此喷油泵喷油的时刻由发动机间接控制,且柴油机供油压力随发动机转速的变大而变大。随着发动机转速的增加,喷油提前器使喷油泵凸轮轴相应地提前一个角度,满足发动机高速时的要求。调速器通过感应元件感知发动机的转速变化,对柴油发动机进行相应控制,主要是满足怠速时的稳定性和超过标定转速时的断油,其余工况由驾驶员控制(两极调速器),或依靠感应元件和调速器弹簧平衡来稳定发动机的转速(全程调速器),剖视图详见图 2-2。传统机械式燃油喷射系统主要应用在国 I 和国 II 阶段柴油车上。

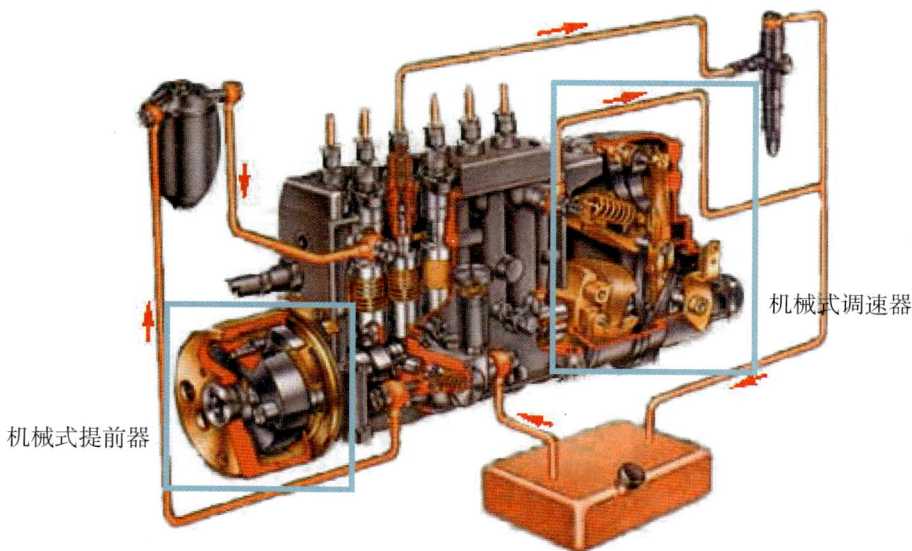

机械式调速器

机械式提前器

图 2-2　机械直列泵剖视图

高动力性、低排放、低油耗是改善柴油机燃烧过程的主要目标,即保证燃烧过程所需的油气混合良好,满足燃烧和放热要求。在构成燃烧过程的进气、喷油、燃烧室三要素中,喷油是最重要的因素。对于传统机械式燃油喷射系统而言,由于机械调速器和机械燃油提前器的控制精度低、反应不灵敏,已无法满足现代柴油机进一步改善性能和降低排放的要求。随着电子控制技术的发展,电控技术在柴油机上的应用和发展是必然的。只有电控燃油喷射系统才能实现燃油喷射系统的最佳喷射特性(喷油压力、喷油量、喷油正时和喷油率随柴油机工况变化的动态优化)。柴油机采用电控燃油喷射技术后,其控制精度高,能实现整个运行范围内参数优化,降低柴油机的污染物排放,改善经济性。

电控燃油喷射系统主要由传感器、电子控制器和执行机构组成。执行机构通常为安装在喷油泵或喷嘴上的控制喷油特性的电磁阀。相对于机械式燃油喷射系统,电控燃油喷射系统的主要区别如下:(1)柴油机转速传感器由现在的电子部件替代了过去的机械液压调速器中的飞锤速度感受机构;(2)电子控制器取代了机械液压调速的控制功能;(3)喷油泵或喷嘴上的快速响应电磁阀取代了机械传动和控制机构及机械喷油泵上的齿条、齿圈、柱塞螺旋线机构,原理见图2-3。

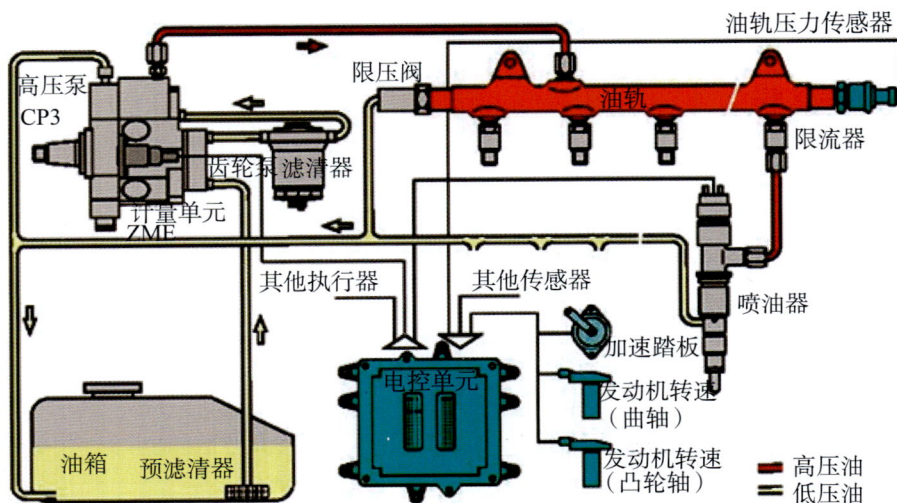

图 2-3 电控燃油喷射系统原理

国Ⅲ阶段与国Ⅱ阶段柴油机最根本的区别是燃油喷射系统(注:国内少量国Ⅲ标准柴油机采用机械式燃油喷射系统)。传统的柴油机采用机械方式来控制柴油机的燃油喷射,由于机械装置的反馈、调整和执行受到机械装备的局限,因此,不可能完全按照发动机最佳状态的动力性、经济性进行全工况控制,特别是尾气排放。从国Ⅲ阶段开始,柴油机不再沿用机械控制燃油喷射的传统模式,这将影响发动机的动力性、经济性,特别是排放的所有因素用传感器随时随地地传输给ECU,由ECU控制燃油的喷射压力、喷油正时和喷射方式,能够实现整个运行范围内的参数优化,降低柴油机机内的污染物排放,改善经济性。国Ⅰ至国Ⅳ阶段柴油机燃油喷射系统特征见表2-1。

表 2-1　国Ⅰ至国Ⅳ阶段柴油机典型燃油喷射系统特征

排放阶段	燃油喷射系统及供油压力要求
国Ⅰ阶段	机械直列泵(＞700bar) 机械单体泵(＞800bar) 机械分配泵(＞650bar)
国Ⅱ阶段	机械直列泵(＞850bar) 机械单体泵(＞900bar) 机械分配泵(＞750bar)
国Ⅲ阶段	电控分配泵(＞900bar) 电控直列泵(＞1100bar) 电控单体泵(＞1250bar) 高压共轨系统(＞1250bar)
国Ⅳ阶段	电控分配泵(＞1450bar) 电控单体泵(＞1600bar) 高压共轨系统(＞1600bar)

2.2　进气增压器系统的原理及发展

传统的发动机一般采用自然吸气,它利用活塞下移形成的真空度将空气吸入气缸。由于自然吸气是比较被动的进气方式,进气效率不高,影响发动机功率的发挥。为了提高发动机功率,进气增压系统应运而生。其基本原理是进入发动机气缸前的空气先经增压器压缩以提高空气的密度,使更多的空气充填到气缸里,从而增大发动机功率。常见的进气增压系统是废气涡轮增压系统(下文简称"涡轮增压系统")和机械增压系统。自然吸气和进气增压系统的主要特点如下:

1)自然吸气

自然吸气式发动机是利用气缸内产生的负压力,将外部空气吸入到进气歧管中。

自然吸气的特点是:动力输出非常平顺,不会因转速的变化而出现骤然加速的现象,而且使用寿命长,维修简便。

2)增压进气

★ 涡轮增压系统

涡轮增压发动机是依靠涡轮增压系统来加大发动机进气量,利用发动机排出的废气作为动力来推动涡轮室内的涡轮(位于排气道内),涡轮又带动位于进气道内同轴的叶轮,叶轮压缩由空气滤清器管道送来的新鲜空气,再送入气缸,原理见图2-4,发动机的进气量因压缩而增加,进而提高了发动机的输出功率。

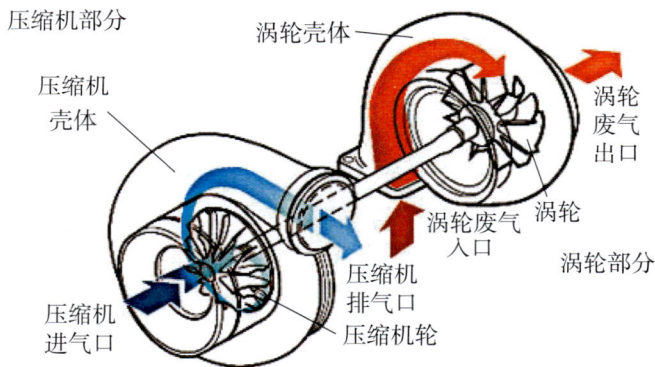

压缩机部分

压缩机壳体

压缩机进气口

涡轮壳体

涡轮废气出口

涡轮废气入口

涡轮

涡轮部分

压缩机排气口

压缩机轮

图2-4 涡轮增压系统工作原理

涡轮增压系统的特点是:与未装涡轮增压的发动机相比,通常装有涡轮增压的发动机输出功率能提高40%以上;缺点是发动机动力输出略滞后于油门动作,即有"滞后性"。

★机械增压系统

机械增压系统采用皮带与发动机曲轴皮带盘连接,利用发动机转速来带动机械增压器内部叶片,产生增压空气,送入发动机进气歧管内,达到增压并提高发动机输出动力的目的,原理见图2-5。

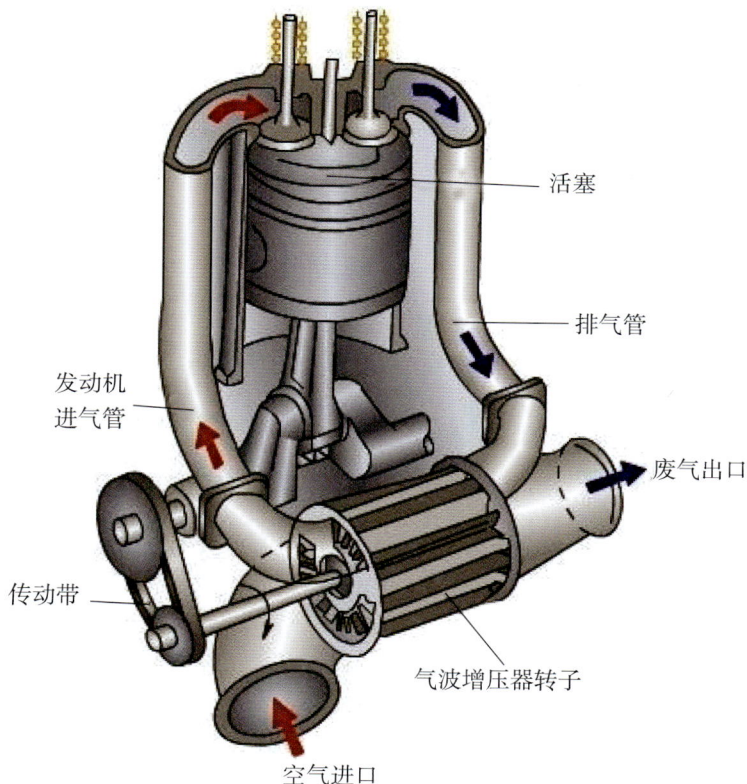

图 2-5　机械增压系统工作原理

机械增压系统的特点是"全时介入",即在低转速下便可获得增压;缺点是依靠发动机曲轴带动的机械增压器,会损耗一定量发动机的动力,高转速动力损耗明显,燃油经济性降低。

由于机械增压器结构复杂、技术含量高、成本高及维修保养难,因此,目前国内汽车主要采用涡轮增压系统。

2.3 废气再循环系统的原理及发展

废气再循环 EGR(Exhaust Gas Recirculation)系统的主要功能是降低发动机 NO_x 排放及部分负荷时可提高燃油消耗量。EGR 是把发动机排出的部分废气回送到进气歧管,并与新鲜混合气一起再次进入气缸。废气中含有大量不能燃烧的 CO_2,但可以吸收气缸内一部分热量,使燃烧温度降低,从而减少了 NO_x 的生成量,见图 2-6。

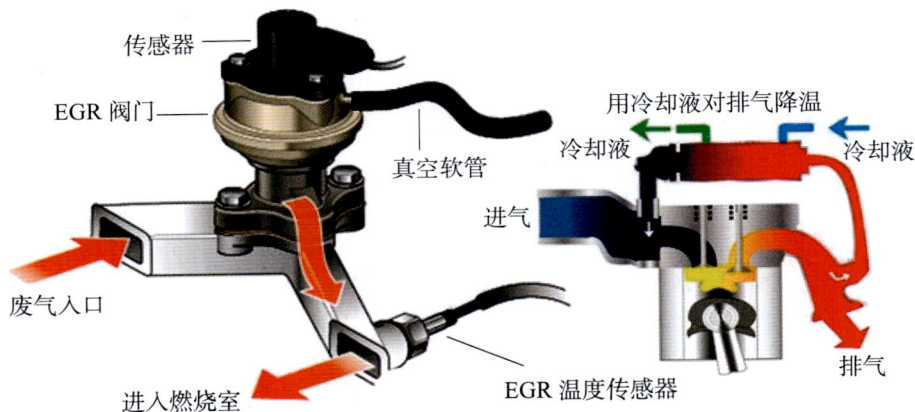

图 2-6 废气再循环系统的工作原理

尽管提高废气再循环率对减少 NO_x 的排放有积极的作用,但同时也会增加颗粒物和其他污染物的排放量。

2.4 柴油机排放后处理系统的原理及发展

国Ⅱ阶段及之前,柴油车均采用机械式燃油喷射系统且无排放后处理装置,可满足排放标准的要求。但随着机动车排放标准的不断加严,柴油机尾气后处理技术作为柴油机的一个重要组成部分。与同等功率的汽油机相比,颗粒物和氮氧化物是柴油机尾气排放中最主要的污染物。仅凭机内净化来降低柴油机的排放,在颗粒物和氮氧化物之间进行平衡难度较大。尽管国Ⅲ柴油机已进行了较多的改进,如加强增压中冷、多气门技术、废气再循环及冷却、电控高压喷射系统(共轨、泵喷嘴、单体泵)等,但要满足国Ⅳ及国Ⅴ阶段以上的排放标准,除了对发动机内部参数进一步优化外,还需要采用后处理技术。

根据柴油机尾气中的不同污染物的控制要求,需要采用不同的后处理方案。针对颗粒物,需使用柴油颗粒捕集器DPF(Diesel Particulate Filter)来处理颗粒物中的炭颗粒部分,及使用柴油氧化催化转化器DOC(Diesel Oxidation Catalyst)来处理颗粒物中可溶性有机物部分。针对氮氧化物污染物,也有不同的后处理技术方案,其中应用广、技术较为成熟的方案为选择性催化还原装置SCR(Selective Catalytic Reduction),即通过向尾气中喷入尿素等还原剂处理氮氧化物。为了满足更严格的排放法规要求,可以将上述后处理装置进行集成,实现同时处理柴油机排气中各种污染物的效果。柴油车颗粒物和氮氧化物排气后处理典型技术路线,见图2-7。

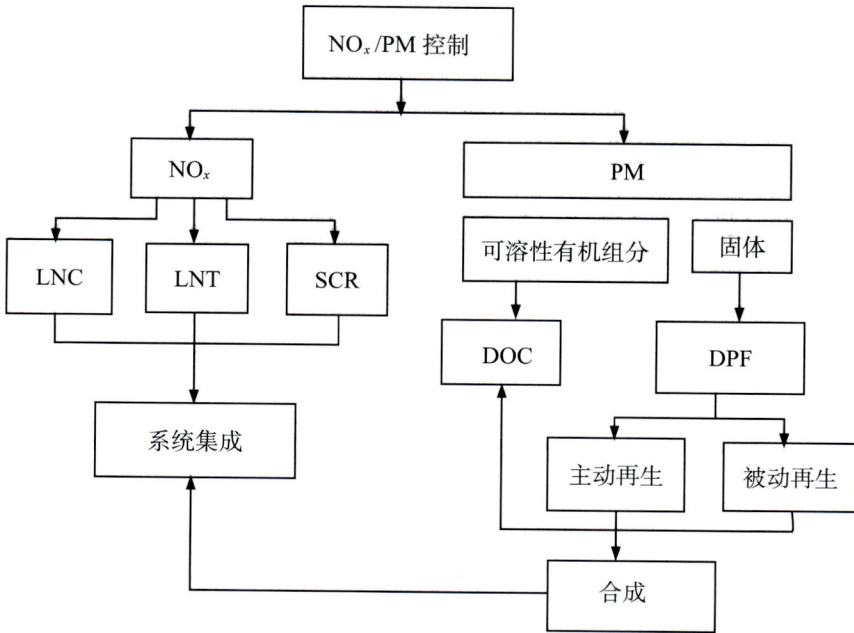

图2-7 柴油车PM和NO$_x$后处理典型技术路线

2.4.1 柴油氧化催化转化器(DOC)

柴油氧化催化转化器(DOC)已成为治理道路和非道路车辆排放的主要手段之一。尾气中的颗粒物主要包括炭和灰分等固体颗粒和可溶性有机成分SOF两大部分,可溶性有机成分仅占排放颗粒物总量的30%左右。DOC的主要功能是降低气态污染物中的碳氢化合物和一氧化碳含量,还可以降低尾气颗粒物中的SOF。同时,DOC还能消除柴油机排放的异味。

2.4.2 柴油颗粒捕集器(DPF)

柴油颗粒捕集器(DPF)能去除柴油机排放出的黑烟,具有极好的过滤效果。按照尾气流通方式可以分为壁流式颗粒捕集器(WF-DPF)和部分流式颗粒捕集器(POC或FT-DPF)。通常情况下,壁流式颗粒捕集器的过滤效果可达到85%以上,而部分流式颗粒捕集器过滤效率可以达到40%~60%。按照再生方式,DPF还可以分为主动再生式和被动再生式。下面介绍两种类型的颗粒捕集器的工作原理。

1)壁流式颗粒捕集器(WF-DPF)

壁流式颗粒捕集器采用将排气通过壁面过滤的方式减少柴油机颗粒物排放,常用的过滤材料有堇青石和碳化硅陶瓷材料,工作原理如图2-8。

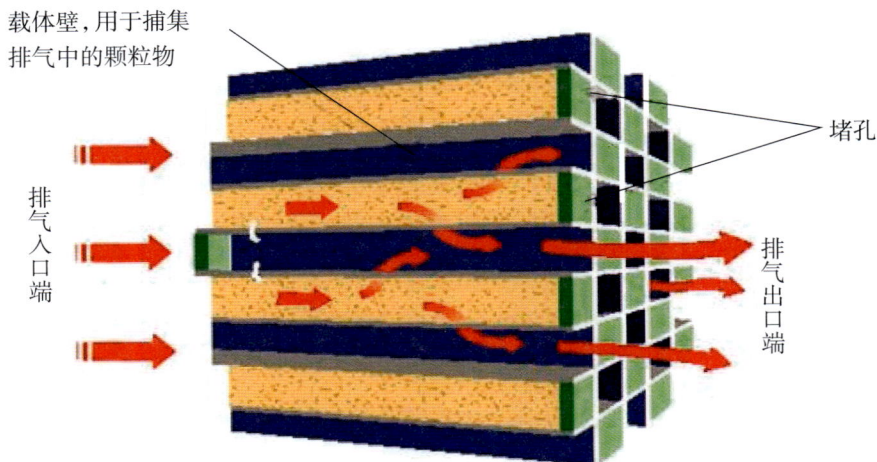

图 2-8 壁流式颗粒捕集器工作原理

由图 2-8 可以看到,当尾气从蜂窝孔道入口端进入载体后,无法从另一端排出,只能穿过多孔性的陶瓷过滤体壁面。由于大部分柴油车颗粒物粒径比壁面孔隙大,所以被壁面拦截沉积,从而起到对柴油车尾气的净化作用,清除堆积在载体壁面上颗粒物最方便的方法是在适当的温度下使之燃烧或氧化,这种使 DPF 恢复捕集效率的过程称为"DPF 再生"。

DPF 并非在所有的温度条件下都能进行再生,催化技术便被用来降低颗粒物燃烧的温度。催化剂可以放在捕集器前端,也可放在捕集器上或直接添加到燃油中(如燃油添加剂 FBC)。此外,催化剂还起到减少一氧化碳和碳氢化合物排放的作用。再生方式和硫含量不同,壁流式捕集器对排放污染物的转化效率也不同。

2)部分流颗粒捕集器(POC)

POC 载体是由平板金属薄片和丝网卷曲而成,见图 2-9。在载体表面涂有金属催化剂(Pt),其载体采用直流式结构(见图 2-10),因此 POC 在排气系统中对排气背压的影响很小。

图 2-9　POC 载体结构

当尾气流经 POC 的载体时,一部分大颗粒物会被直接拦截在载体表面,一部分细颗粒物会被载体吸附住。另外,由于排气温度与催化剂载体存在温度差,部分小颗粒物会从温度高的尾气泳向温度低的载体表面,即"热泳吸附"。POC 的尾气流通结构和对颗粒物的捕捉原理,决定了其对颗粒物的过滤效率受工况影响较大,排气温度和排气的流速都会改变载体对细颗粒物的吸附效果,见图2-10。

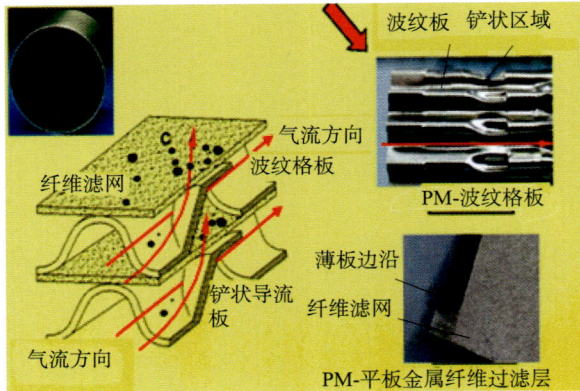

图 2-10　直流式颗粒捕集器工作原理

2.5　柴油机 OBD 系统

车载诊断 OBD 系统能够随时监控发动机的运行状况和尾气后处理系统的工作状态,一旦发现引起排放超标的故障,会马上发出警示,故障灯(MIL)或检查发动机(Check Engine)警告灯亮,见图2-11。

图 2-11　OBD 故障指示灯

同时 OBD 系统会将故障信息写入存储器(ECU 掉电不丢失信息),通过标准的诊断仪器和诊断接口可以读取故障码及其相关信息,某卡车的OBD诊断接口位置见图2-12。根据故障码的提示,维修人员能迅速准确地获取故障的性质和部位。

图 2-12　某卡车 OBD 诊断接口在汽车上的位置

OBD 系统是一个非常复杂的自诊断系统,是伴随电子控制技术发展起来的诊断技术。轻型车的 OBD 发展较早,目前相对成熟;重型车 OBD 技术虽然开展较晚,但进步迅速。其中,欧洲法规在欧Ⅳ阶段对重型柴油车提出了 OBD 要求,美国加州、SAE、ISO 和日本目前也提出了重型车 OBD 标准;我国自 2005 年 5 月 30 日发布了《车用压燃式、气体燃料点燃式发动机与汽车排气污染物排放限值及测量方法(国Ⅲ、国Ⅳ、国Ⅴ阶段)》(GB 17691—2005),该标准从国Ⅳ阶段提出 OBD 的要求。

针对国Ⅳ阶段柴油车,OBD 监控的主要部件如下:

★燃油供给系统(燃油泵、管路、滤清器、油量、喷油压力);

★喷油器、燃油压力传感器、燃油计量控制阀、高压燃油调节阀(若存在);

★发动机增压系统及相关零部件;

★发动机废气再循环系统及其相关零部件(若存在);

★发动机 SCR 排气后处理系统及其相关零部件(若存在)。

即上述主要部分出现引起排放超标的故障时,OBD 故障指示灯会马上发出警示。

3

汽油机排放控制系统工作原理及发展

本章主要从汽油发动机燃油供给系统、排放后处理系统以及OBD系统等三个方面介绍汽油机排放控制系统的工作原理及发展。汽油机采用的进气增压器系统与柴油机相类似,本章不再介绍。

3.1 汽油机燃油喷射系统的原理及发展

汽油机燃油喷射系统的主要任务是根据发动机不同工况的要求,配制相应数量和空燃比的可燃混合气供给气缸。燃油的供给方式有化油器式和电控喷射式两种。

在国Ⅰ阶段之前的汽油发动机上,通常是采用化油器供油的方式。自国Ⅰ阶段开始后,该项技术已被淘汰,此处不再进行介绍。

电控燃油喷射(Electronic Fuel Injection, EFI)系统是采用计算机控制燃油供应量,该系统中的计算机综合分析各种不同传感器信号后做出判断,控制喷油器以一定的压力、迅速地将恰当数量的燃油喷射到发动机进气歧管内,燃油蒸发并与空气混合后进入发动机气缸,同时配合电子控制点火在最佳时刻点燃可燃混合气。国内所有汽油机从国Ⅰ阶段(2000年)起均采用电控燃油喷射系统。

与传统的化油器相比,电控燃油喷射系统具有以下优点:

①易于启动发动机且启动时间短。可改善低温启动性能,启动发动机的时间只是传统化油器的50%。

②动力性强。采用电控燃油喷射系统后,发动机的进气可不必预热,并可以吸入密度较大的冷空气,同时进气歧管阻力减小,提高了充气系数,进而提

高了 5%~10% 的发动机输出功率。

③加速性能好。由于汽油是直接喷射到发动机进气阀处,反应灵敏,减少滞后现象,加速性能得到改善,进行油门全开的加速试验,车速由 0 提升至 100km/h 的时间比传统化油器缩短 7%。

④经济性好。电控燃油喷射系统最突出的优势是能实现空燃比的高精度控制。汽油是在一定的压力下喷出的,燃油雾化品质好,且喷油量是精确控制的,混合气的空燃比为最佳值,且各缸燃油分配均匀,在达到相同排放法规限值要求的前提下,装用电控燃油喷射系统后比传统化油器节省 5%~15% 的燃油。

⑤减少污染物排放。电控燃油喷射系统可以分别控制喷油量与进气量,控制精度高,能够始终保持所需的最佳理论空燃比 14.7。同时,该系统与三元催化转化器配合使用时,可以使排气中一氧化碳、碳氢化合物、氮氧化物控制在转化效率高的范围内(图 3-1),且当发动机减速到一定值时,会自动切断燃油供给,可以完全排除传统化油器减速时所无法清除的碳氢化合物。

⑥整个系统体积小,且不需要机械驱动,安装灵活方便。

电控燃油喷射系统的最大特点是,既可获得最大功率,又可最大限度地节油和净化排气,因此是节约能源、降低排污的有效措施之一。

3.2 汽油车排放后处理系统的原理及发展

20 世纪 70 年代,三元催化转化器作为汽油车的排放后处理技术得到了迅速发展。在理论空燃比 14.7 时,三效催化转化器对一氧化碳、碳氢化合物和氮氧化物的转化效率均可达到 85% 以上,见图 3-1。北京市 1998 年发布的《轻型汽车排气污染物排放标准》(DB 11/105)要求国内汽车行业采用三元催化转化器在机外净化汽油机排放的污染物。目前汽油车均已采用三元催化转化器来净化排放的污染物。

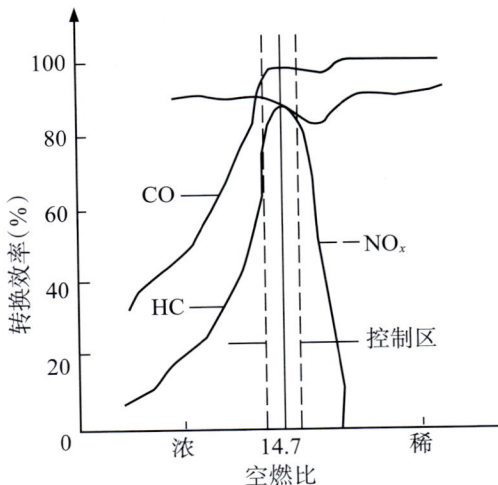

图 3-1　不同空燃比下排放污染物的转化效率

　　三元催化转化器主要由载体、催化剂、衬垫、封装壳体等四部分组成,见图3-2。催化剂附着在多孔的载体上,加速尾气中碳氢化合物、一氧化碳的氧化反应和氮氧化物的还原反应,使三种有害的排放污染物转化为无害的CO_2、H_2O和N_2。催化剂在氧化和还原反应中起催化作用,其催化作用是靠废气本身的热量激发的,当催化反应开始后,因氧化反应放热,催化剂便自动保持较高的温度,使一氧化碳和碳氢化合物的氧化过程能够正常进行。在催化剂的作用下,利用排气中的一氧化碳和碳氢化合物作为还原剂,使氮氧化合物还原为N_2。

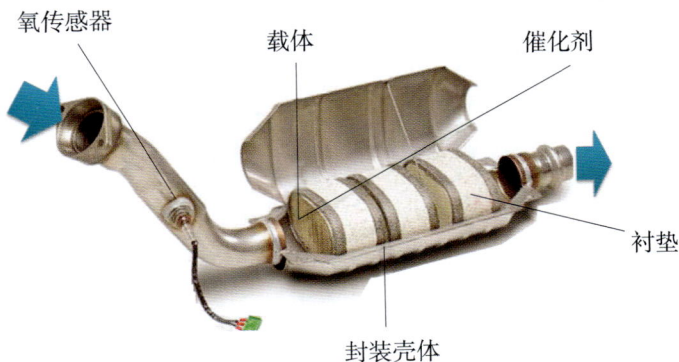

图 3-2　三元催化转化器构成

为了保证转换效率,三元催化转化器采用闭环电控燃油喷射系统,用氧传感器检测排气中氧的浓度变化,"闭环电控燃油喷射+三元催化转化器"已成为当前汽油发动机降低污染物排放的基本技术。

对于二气门或多气门、非增压或增压发动机的汽油车而言,均可采用闭环电控燃油喷射系统+三元催化转化器来同时降低碳氢化合物、一氧化碳和氮氧化合物排放,以达到国Ⅱ阶段排放标准。在工况法试验中,国Ⅲ阶段标准与国Ⅱ阶段标准的最大差别在于前者取消了取样前的 40s 暖机过程,由此需考虑从国Ⅲ阶段起汽油车在起动时应有良好的净化效果,即要求起动时三元催化转化器内的温度要高于起燃温度,一方面使催化剂的起燃温度尽可能低,另一方面通过强制加热方式使转化器内的温度在起动时要超过起燃温度。一般情况下,要满足国Ⅲ阶段及以上排放标准的要求,二气门、非增压汽油发动机可采用闭环电控燃油喷射系统+紧耦合式(或紧耦合式+底盘式)三元催化转化器。对于多气门、增压汽油发动机则可采用闭环电控燃油喷射系统+低起燃温度的三元催化转化器或紧耦合式(紧耦合式+底盘式)三元催化转化器。紧耦合式三元催化转化器见图 3-3,底盘式三元催化转化器参见第 1 章中图 1-9。

紧耦合三元催化转化器在外观上的变化主要体现在:从国Ⅲ阶段起,在三元催化转化器的后端增加安装一个氧传感器(见图 3-6),用于判断三元催化转化器是否存在故障。

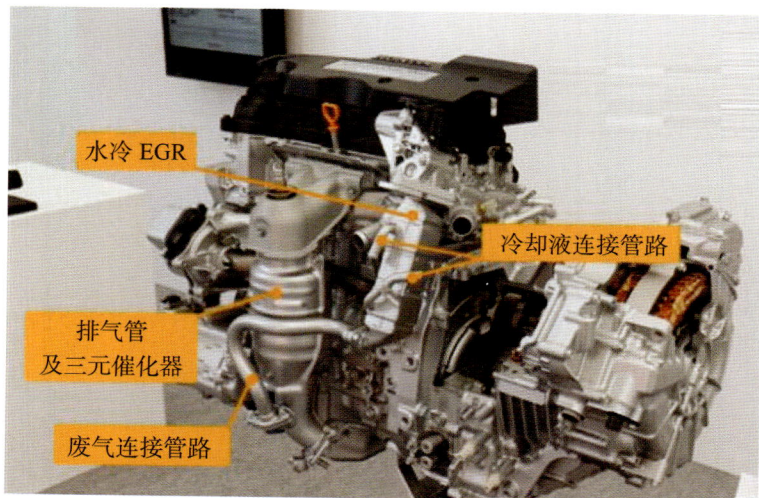

图 3-3 紧耦合式三元催化转化器在发动机上的布置

27

3.3 汽油机 OBD 系统

同柴油机 OBD 系统一样,汽油机车载诊断 OBD 系统也能够随时监控发动机的运行状况和尾气后处理系统的工作状态,一旦发现引起排放超标的故障,会马上发出警示,故障灯(MIL)或检查发动机(Check Engine)警告灯亮,见图 3-4。同时 OBD 系统会将故障信息写入存储器(ECU 断电后不丢失信息),通过标准的诊断仪器和诊断接口可以读取故障码及其相关信息,见图 3-5。根据故障码的提示,维修人员能迅速准确地获取故障的性质和部位。

图 3-4　OBD 故障指示灯

图 3-5　OBD 诊断接口在汽车上的布置

我国轻型汽车从国Ⅲ阶段起,要求强制安装 OBD 系统。随着排放标准的不断加严,OBD 系统排放限值也不断加严。

在国Ⅲ阶段之前,通常在三元催化转化器前端安装一个氧传感器(可称为"前级氧传感器"或"上游氧传感器"),用于检测发动机所排气中氧的含量,实时反馈给 ECU(电控单元)作为闭环燃油修正补偿控制的实际状态的反馈信号,以更加精确地调整和保持理想的空燃比,同时得到更好的排放控制特性和燃油经济性。从国Ⅲ阶段起,在三元催化转化器的后端增加安装一个氧传感器,见图 3-6,与前级氧传感器共同监测三元催化转化器是否存在故障。

图 3-6　三元催化转化器前后氧传感器布置

以下是关系到整车排放及 OBD 系统功能性的主要零部件:

★燃油供给系统(燃油泵、管路、油量、压力)及燃油喷射器;

★点火线圈、高压线及火花塞;

★三元催化转化器;

★三元催化转化器的前级氧传感器。

从国Ⅴ阶段起,对 OBD 系统增加车载排放诊断系统实际监测频率(IUPR)和车载排放诊断系统监测氮氧化物等两项排放监测功能,要求进一步加严。

不同排放阶段汽油车排放控制系统的典型配置见表 3-1。

表 3-1　不同排放阶段汽油车排放控制系统的典型配置

排放阶段	燃油供给与喷射系统	进气方式	EGR	OBD	燃油蒸发排放	后处理技术
国Ⅰ阶段	●电控燃油喷射系统 ★进气道喷射	●自然吸气	有	无	活性炭罐	底盘式三元催化转化器(前级氧传感器)
国Ⅱ阶段						
国Ⅲ阶段	●电控燃油喷射系统 ★进气道喷射 ★缸内直喷技术(部分国Ⅳ及以上车型采用缸内直喷技术)	●自然吸气 ●涡轮增压	有	有	活性炭罐	紧耦合式三元催化转化器(前后两级氧传感器)
国Ⅳ阶段						
国Ⅴ阶段						

4

柴油机燃油喷射系统特征识别

本章主要介绍机械直列泵、机械分配泵、电控直列泵、电控单体泵以及电控高压共轨等五种燃油喷射系统的安装位置和外观特征差异,阐述如何识别各燃油喷射系统的方法。

4.1 机械直列泵

4.1.1 机械直列泵识别特征

★无 ECU(电控单元),无传感器和执行器,无线束,见图 4-1;
★喷油泵上有机械提前器、油量调节装置(机械调速器或油门拉杆/齿条);
★喷油泵高压出油口直列朝上,数量与气缸数相同,见图 4-2、图 4-3;
★喷油泵布置在缸盖上,分别向各气缸喷入柴油;
★高压油管连接每个喷油泵高压出油口和喷油器。

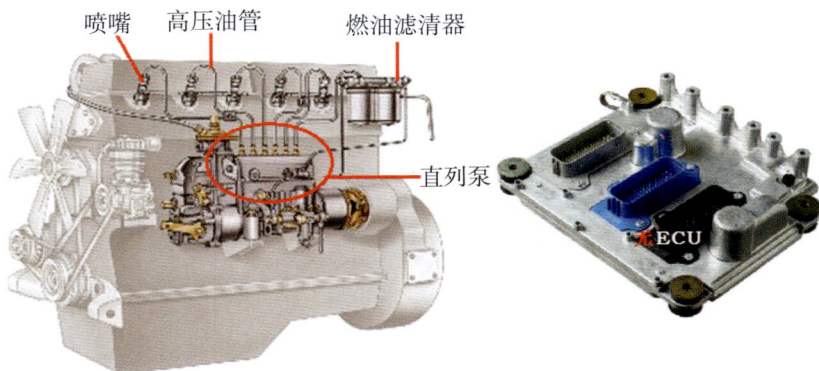

图 4-1　机械直列泵系统(一)

图 4-2　机械直列泵系统(二)

图 4-3　机械直列泵系统(三)

4.1.2　机械直列泵工作特点

机械直列泵喷油系统为脉动式燃油喷射系统,发动机每个气缸配备一套独立的泵、管、嘴组件。燃油喷射量由机械调速器或油门拉杆/齿条控制,喷油时刻由机械提前器控制。燃油喷射压力由发动机转速和喷射量决定。

31

直列泵优点是历史悠久、应用面广量大、价格便宜、机油润滑、可靠性较好、开发费用低。其缺点是相对精确度较差、压力低、控制简单。

4.2 机械分配泵

4.2.1 机械分配泵识别特征

★无 ECU（电控单元），无传感器和执行器，无线束；

★喷油泵上有液压提前器和机械调速器；

★喷油泵高压出油口圆周排列，水平朝向，与油泵驱动轴相同，数量与气缸数相同，见图 4-4；

★喷油器布置在发动机缸盖上，分别向各气缸喷入柴油；

★高压油管连接喷油泵高压出油口和喷油器。

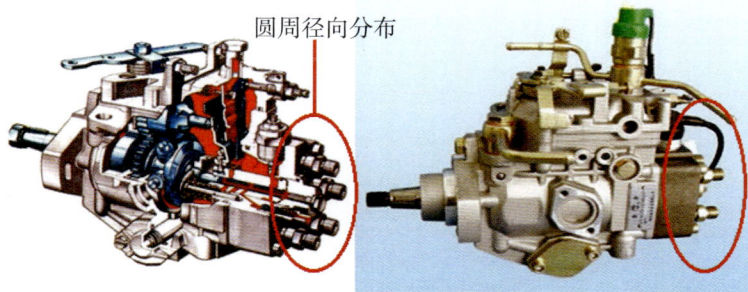

图 4-4　机械分配泵系统

4.2.2 机械分配泵工作特点

机械分配泵为脉动式燃油喷射系统，用一个轴向柱塞或几个径向柱塞产生高压燃油，并按照规定顺序供给各个气缸。

与直列泵相比，分配泵具有以下主要特点：

①体积小、零件少、结构紧凑、质量轻。

②供油均匀性好,分配泵的供油均匀性完全由制造精度保证,有助于降低柴油机的噪声。

③高速适应性好,直列式柱塞喷油泵最高转速为 2000r/min,而分配泵可达到 3000r/min。

④分配泵是柴油自润滑,无需定期更换机油,但对油品敏感;直列式喷油泵燃油与润滑油分开,密封要求高,一旦柴油泄漏并稀释润滑油,会加速机件磨损,易引发故障。

⑤分配泵的各种控制机构有相对的独立性。可按柴油机的不同需要,组合成相应的控制机构。

⑥分配泵采用电磁阀控制燃油的通断,在汽车上的操作灵活方便。

⑦分配泵具有防逆转功能,可以防止柴油机反转。

⑧分配泵在柴油机上的安装位置灵活,水平、垂直安装均可。

⑨分配泵相对成本较低,开发费用低,适用于高速小型柴油机。

4.3　电控直列泵

4.3.1　电控直列泵识别特征

★有 ECU(电控单元),有传感器和执行器,有线束,见图 4-5;

★喷油泵上提前器为电子提前器,并配有机械调速器;

★喷油泵出油口直列排列,个数与发动机气缸数相同;

★高压油管连接喷油泵出油口和喷油器,数目也与发动机气缸数目相同。喷油器布置在发动机缸盖上,见图 4-6。

图 4-5　电控直列泵系统传感器安装位置

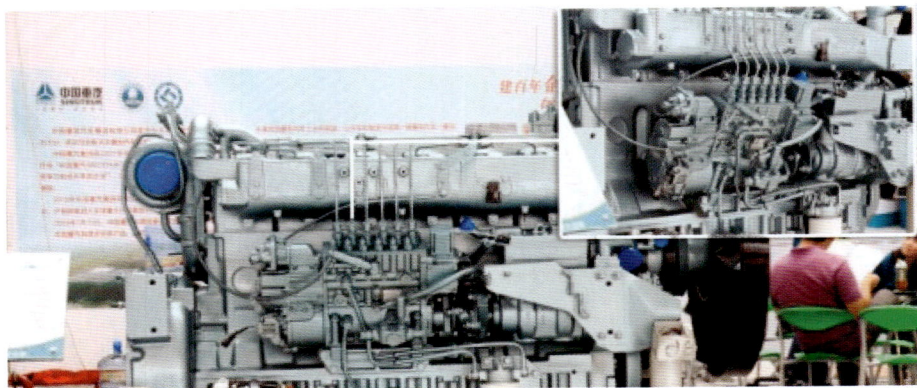

图 4-6　装配有电控装置的直列泵

4.3.2　电控直列泵工作特点

直列泵多采用机械离心式调速器,其优点是可靠性较好。在直列泵喷油系统中,每个供油单元对应一个气缸,即发动机有几个气缸,就有几个与之对应的供油单元。图 4-6 所示为装配有电控装置的直列泵。电控直列泵采用电控系统,喷油量和喷油定时都由ECU灵活控制;喷射压力高,保证低油耗和满足排放要求;维修方便。其缺点是柱塞多、体积大,电控系统控制简单,对于高速行驶的轿车来说不太合适。

4.4　电控单体泵

4.4.1　电控单体泵识别特征

★有ECU(电控单元),有传感器和执行器,有线束,见图4-7和图4-8;

★喷油泵上没有提前器和调速器,每个喷油泵上有控制电子阀;

★喷油泵个数与发动机气缸数相同;

★高压油管连接喷油泵出油口和喷油器,数目也与发动机气缸数目相同。喷油器布置在发动机缸盖上,见图4-9和图4-10。

图4-7　亚新科南岳电控单体泵系统

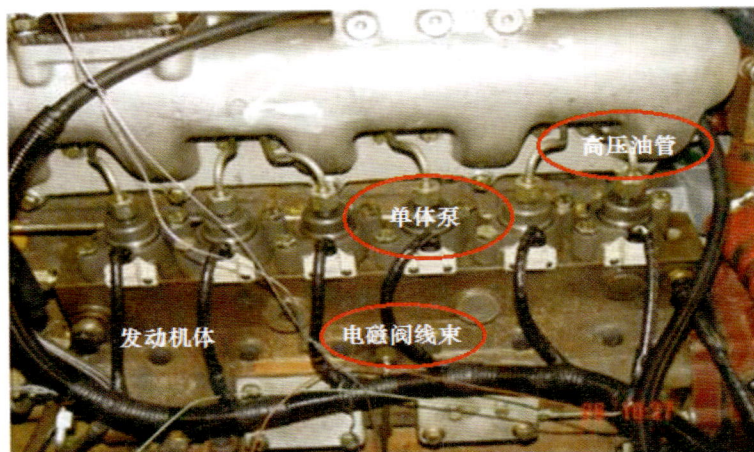

图 4-8 电控单体泵系统的主要部件

图 4-9 电控单体泵在发动机上的布置

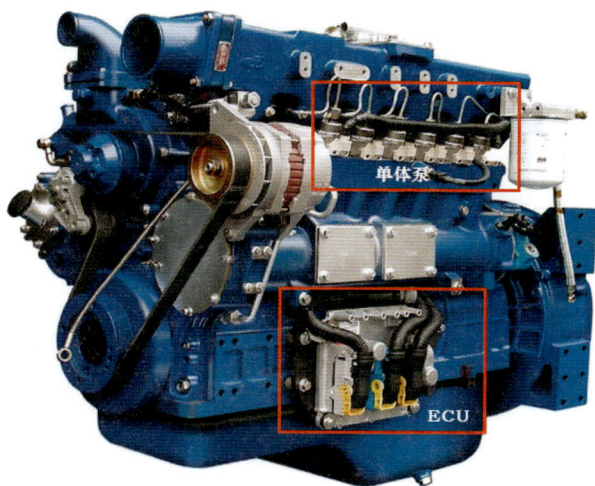

图 4-10　玉柴客车发动机中单体泵布置

4.4.2　电控单体泵工作特点

电控单体泵为脉动式燃油喷射系统,优点是采用电控系统,油量和定时都由 ECU 控制,控制灵活。喷射压力高,满足排放和油耗法规的要求;非燃油润滑;油品适应性好。其缺点是开发费用高、电控系统控制简单、多次喷射能力差。

4.5　电控高压共轨

4.5.1　电控高压共轨识别特征

★有 ECU(电控单元),有传感器和执行器,有线束;

★在发动机喷油器一侧布置一个"燃油轨","燃油轨"上直列布置的出油口通过高压油管与发动机缸盖上的喷油器相连接,出油口数量与气缸数相同,见图 4-11;

★高压油泵、燃油轨、轨压传感器共同负责在油轨内建立稳定压力高压燃油,大小由 ECU 根据发动机工况设定,见图 4-12 ～ 图 4-15。

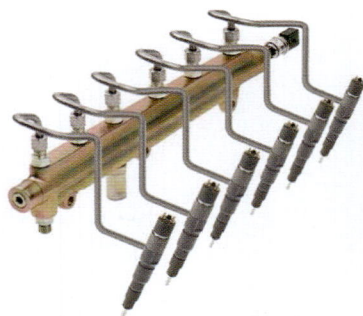

燃油轨是一个长管密封容器，各缸喷油器都安装在容器上，共同使用这一燃油轨，即所谓共轨。

图 4-11　电控高压共轨燃油喷射系统（一）

图 4-12　电控高压共轨燃油喷射系统（二）

图 4-13　电控高压共轨燃油喷射系统（三）

图 4-14 带有高压共轨燃油喷射系统的发动机

图 4-15 宝利格搭载的欧意德 2.0T 清洁柴油发动机

4.5.2 电控高压共轨工作特点

高压共轨系统是蓄压式燃油喷射系统,优点是:燃油高压的建立和燃油喷射分开,油量和定时都由ECU控制,控制灵活,可实现多次喷射;喷射压力高,满足排放和油耗法规的要求。但其缺点是开发周期长、费用高。

目前国内商用车企业的大多数国Ⅲ、国Ⅳ阶段中重型柴油机均采用了电控高压共轨系统。该系统的基本结构是:增设用来存储高压燃油的共轨燃油轨,由ECU根据实际使用工况条件对燃油喷射过程实行精确控制,通过控制喷油器电磁阀开启时刻、持续时间,控制喷射提前角、燃油喷射量,从而改善发动机的燃烧工作过程,在有效降低发动机排放水平的同时,还能够改善发动机的经济性、燃烧噪声等。该系统已经在欧、美、日成功使用了多年,并被公认为是性能最优越、可靠性最高的电控燃油喷射系统。根据国内外产品开发的实际经验,共轨系统无需经过特殊升级改进,即可满足国Ⅴ和国Ⅵ阶段发动机对燃油系统的要求。

与单体泵和泵喷嘴系统相比,高压共轨系统能够把压力产生与实际燃油喷射过程分离,特殊设计的电控喷油器可实现灵活的多次喷射,主要控制参数可在不同转速和负荷条件下任意调节,使发动机能够在不同工况下均得到较好的性能指标。除此之外,高压共轨系统还能提供更广阔的扩展功能,并在燃烧过程组织上拥有更多的设计自由度,实现柴油机超低排放、优越的燃油经济性和NVH性能目标。

4.6　直列泵、单体泵、泵喷嘴、高压共轨间的差异

直列泵的各个泵均安装在一个泵体中,每个气缸各配备一个泵和一个喷嘴,可称为"一夫一妻制"。

单体泵在泵的分配上与直列泵相似,也是每个气缸各配备一个泵和一个喷嘴。但是,每个泵单独布置,占据空间大、与喷嘴距离短、喷射压力高。

泵喷嘴在喷射原理方面与单体泵相似,其泵和嘴之间的高压油管非常短,产生的油压压力更大。

高压共轨系统的结构则与直列泵、单体泵、泵喷嘴彻底不同,高压共轨系统通过一个喷油泵和一根共轨油轨为所有喷嘴和气缸提供高压燃油,也称为

"一夫多妻制",其压力产生特点也与直列泵、单体泵及泵喷嘴不同。直列泵、单体泵及泵喷嘴等传统系统是靠凸轮型线变化产生压力的,也就是说,需要到一定阶段才会产生压力,而且这个压力与发动机的转速有关,转速越高,柱塞活动频率越高,压力越大,隶属脉动式燃油喷射系统。对于高压共轨系统而言,无论发动机转速多少,共轨油轨里始终充满压力,隶属蓄压式燃油喷射系统,能够灵活地控制喷油的时刻和次数,但对油品比较敏感。

5

发动机涡轮增压器系统和废气再循环系统特征识别

本章主要介绍涡轮增压器、涡轮增压中冷器以及废气再循环系统的布置位置和外观特征差异,阐述识别涡轮增压器系统和废气再循环系统的方法。

5.1 涡轮增压器

5.1.1 涡轮增压器识别特征

涡轮增压器是两个类似"蜗牛壳"并排形状的部件,见图 5-1 ~ 图 5-8,安装在发动机排气歧管(热端)后,一端口与排气管出口连接,另一端口由一段橡胶管或金属管与发动机进气歧管或中冷器连接,中间没有冷却装置(可参考 5.2 节)。

图 5-1 涡轮增压器的结构

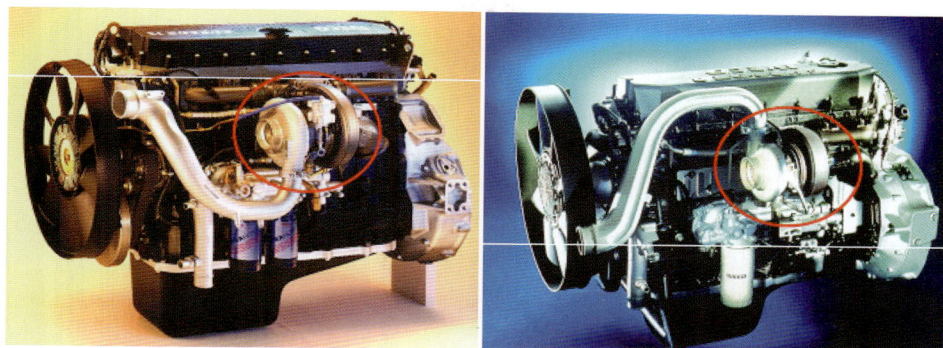

图 5-2　涡轮增压器外形

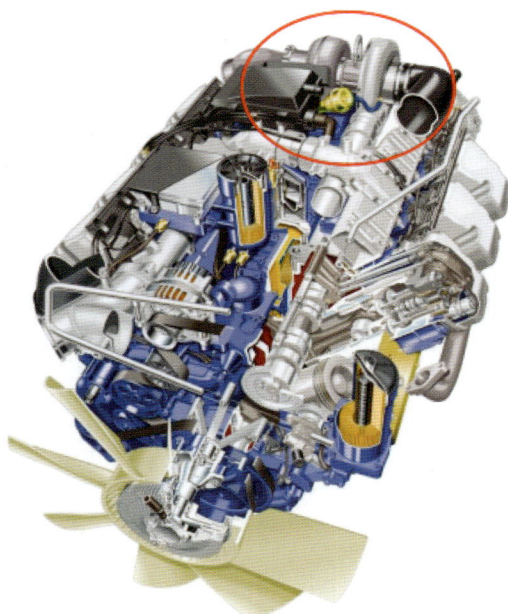

图 5-3　涡轮增压器进气入口端

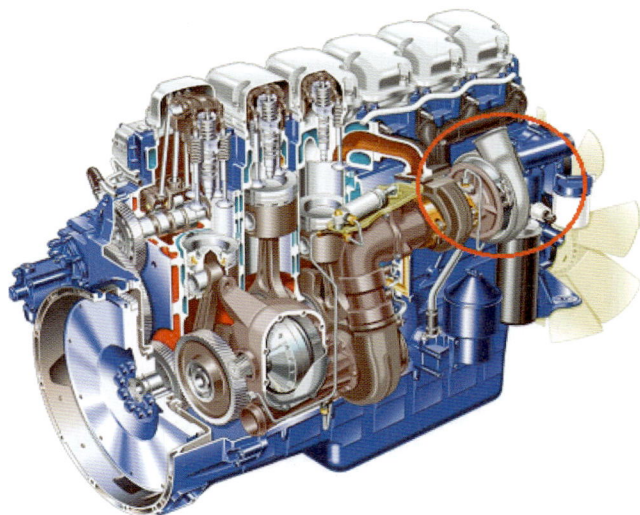

图 5-4　涡轮增压器进气出口端

图 5-5　配备涡轮增压器的国Ⅳ汽油发动机

图 5-6　配备涡轮增压器的国Ⅳ柴油发动机

图 5-7　装有涡轮增压器的重型柴油车

图 5-8 装有涡轮增压器的重型柴油车

5.1.2 涡轮增压器工作特点

如图 5-9 所示，涡轮增压器利用发动机高温废气能量推动涡轮机高速旋转，同轴带动压气机压缩进气做功，提高进气压力，增加进气量，从而提高发动机功率和燃油经济性。

汽车在行驶过程中，涡轮增压器存在动态迟滞响应问题。重型商用车涡轮增压器的转速通常能接近 20 万 r/min，由于叶轮机械惯性、废气流动惯性、排气温度惯性等延迟作用，当油门突变时，用高温废气流推动叶轮的转速变化需要一个动态变化的响应时间，使发动机延迟增加或减少输出功率。对于突然加速或超车的汽车而言，瞬间会有点提不上劲的感觉，即涡轮增压系统的"滞后性"，这个现象已经得到主机厂和增压器厂的重视。在近几年开发的发动机上，已经开始越来越多地应用小尺寸和低惯量的增压器，来改善增压器的迟滞响应问题，同时新发动机的低速扭矩的开发设定值也越来越高，也能改善

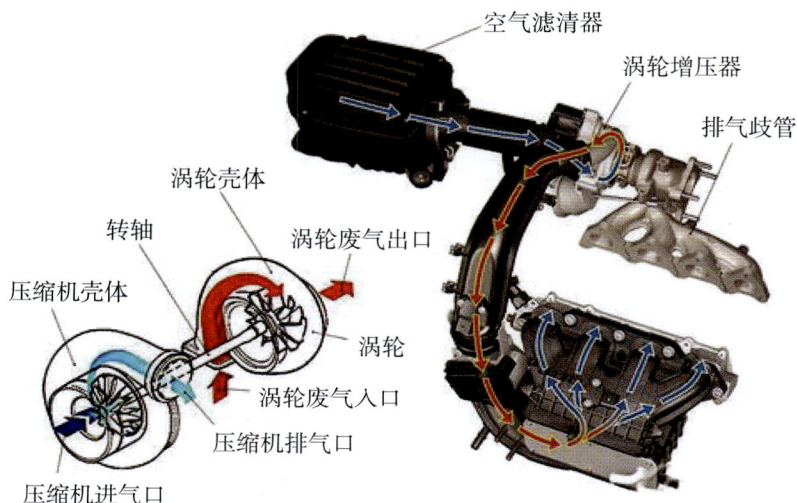

图 5-9 涡轮增压空气流动示意图

加速过程中的驾驶体验。

　　由于涡轮增压器利用废气能量来增加进气量,不需要额外消耗功率,结构比较简单,造价低,因此性能提高明显。

5.2　涡轮增压中冷器

5.2.1　涡轮增压中冷器识别特征

　　涡轮增压中冷器安装在涡轮增压器出口与发动机进气歧管间,由多组叶片构成水冷或空冷热交换器,见图 5-10。涡轮增压中冷器在发动机上的布置见图 5-11。

图 5-10　涡轮增压中冷器外观特征

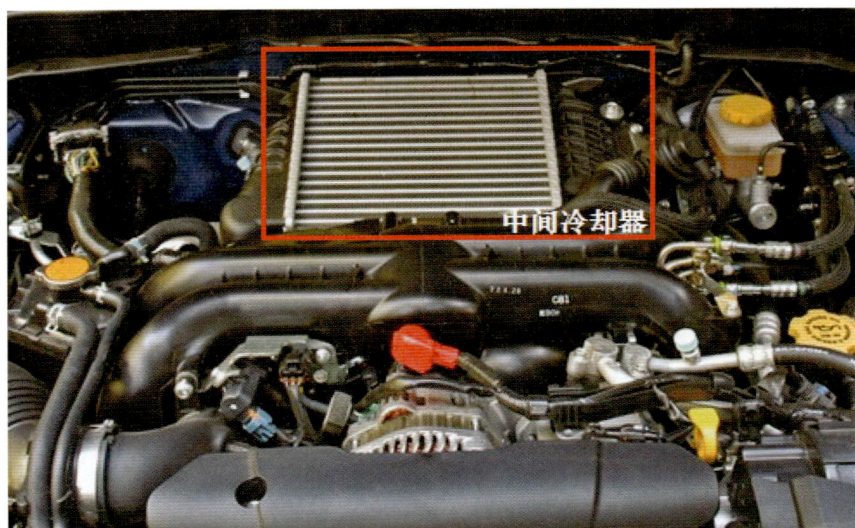

中间冷却器

图 5-11　涡轮增压中冷器在汽车上的布置

5.2.2 涡轮增压中冷器工作特点

发动机进气经过涡轮增压器后温度会升高,这不仅会影响充气效率,还容易产生爆燃。因此,通过安装中冷器来降低进气温度。中冷器一般安装在涡轮增压器出口与进气歧管之间,属于热交换器(类似于散热器),采用风冷或者水冷方式进行冷却,热量直接排到大气中。

根据测试,性能良好的中冷器不但可以使发动机压缩比保持一定值时不产生爆燃,同时降低进气温度也可提高进气压力和进气量(密度提升),进一步提高发动机的有效功率。

5.3 废气再循环系统 EGR

5.3.1 废气再循环系统识别特征

废气再循环(Exhaust Gas Recirculation ,EGR)阀安装在发动机排气歧管侧,见图 5-12,其一端与排气歧管相连,另一端通过金属管路(包含 EGR 冷却器)与进气歧管相连接,见图 5-13。EGR 冷却器有两个接头与发动机冷却水相连接,见图 5-14 和图 5-15。

图 5-12　废气再循环系统在发动机上的布置

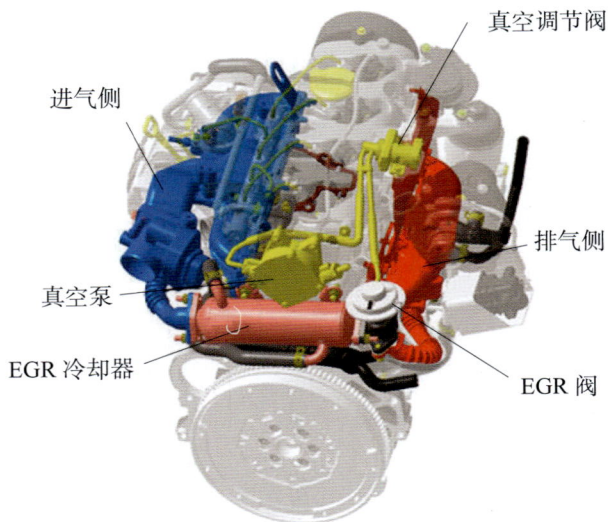

真空调节阀

进气侧

排气侧

真空泵

EGR 冷却器

EGR 阀

图 5-13 废气再循环系统示意图

排气歧管

中冷器

图 5-14 废气再循环阀在排气歧管上的安装位置

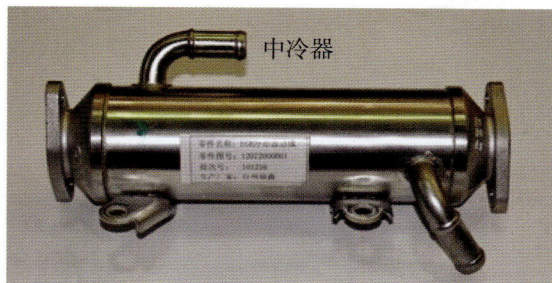

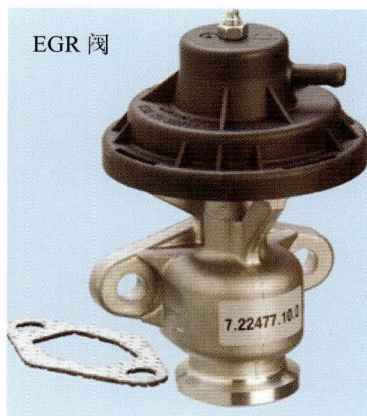

图 5-15　EGR 冷却器和 EGR 阀外部特征

5.3.2　废气再循环系统工作特点

废气再循环系统EGR用于降低发动机原始排放中的氮氧化物排放。ECU根据发动机转速、负荷（节气门开度）、温度、进气流量、排气温度等因素的变化，控制EGR电磁阀适时地打开，进气管真空度经电磁阀进入EGR阀真空膜室，膜片拉杆将EGR阀门打开，排气中少部分废气经EGR阀进入进气系统，与进气混合后进入气缸参与燃烧，降低燃烧期间气缸中局部最高温度，减少氮氧化物在高温富氧条件下的生成量，从而降低了废气中氮氧化物的含量。

但过量的EGR将会影响混合气的着火性能，从而影响发动机的动力性，特别是在发动机怠速、低速、小负荷及冷机时，因此ECU控制废气在这些工况下不参与再循环，避免发动机性能受到影响；当发动机超过一定的转速、负荷，以及达到一定的温度时，ECU根据发动机转速、负荷、温度及废气温度，控制废气参与再循环的量，使废气中氮氧化物降至最低。

6

柴油机排放后处理装置特征识别

本章主要介绍 SCR（柴油机选择性催化还原系统）、DOC（柴油氧化催化器）、POC（颗粒物氧化催化器）、DPF（颗粒捕集器）及其组合排放后处理装置的工作原理、布置位置和外观特征差异，阐述识别排放后处理装置的方法。

6.1 柴油机选择性催化还原系统 SCR

6.1.1 SCR 识别特征

SCR 由 SCR 催化消声器、尿素箱、尿素泵、尿素喷嘴、NO_x 传感器、OBD 监控等 6 部分组成，见图 6-1、图 6-2。首先检查是否有 SCR 催化器、尿素箱，如有，再逐一检查 SCR 其他部件。

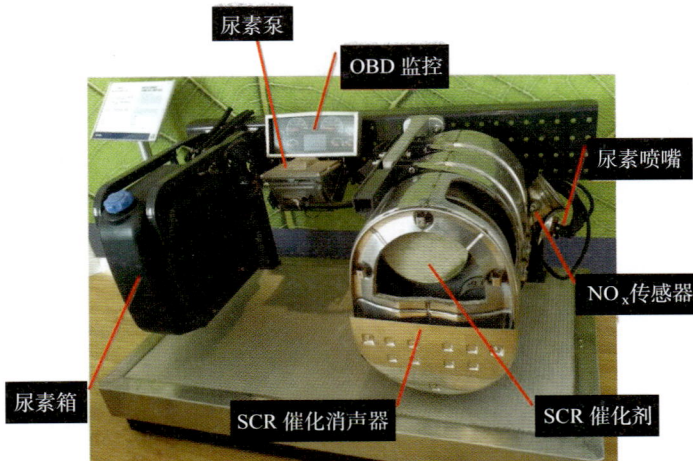

图 6-1　典型的 SCR 系统（一）

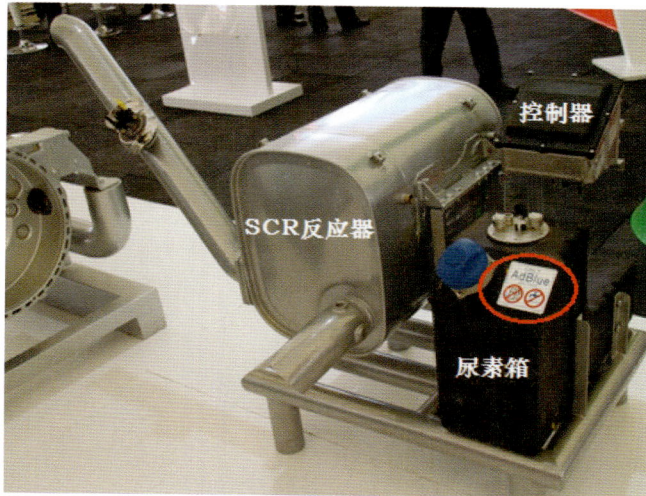

图 6-2　典型的 SCR 系统(二)

　　目前SCR应用在国Ⅳ及以上排放阶段的中重型柴油车上,见图 6-3 ～图 6-5。SCR 系统主要部件的布置情况,见图 6-6 ～图 6-9。

图 6-3　装有 SCR 系统的中重型柴油车(一)

尿素箱

SCR 催化消声器部件

图 6-4 装有 SCR 系统的中重型柴油车(二)

SCR

图 6-5　装有 SCR 系统的中重型柴油车（三）

SCR 箱出口处一定要有 NO_x 传感器，没有强制要求安装温度传感器

大的是 NO_x 传感器

图 6-6　NO_x 传感器的安装位置

尿素箱

图 6-7　尿素箱安装位置

尿素泵

尿素箱

排气管

SCR 筒式
箱体

尿素喷嘴

图 6-8　SCR 系统各部件安装位置

图 6-9　尿素箱体及传感器布置

6.1.2　SCR 工作原理及特点

柴油机选择性催化还原系统(Selective Catalytic Reduction,SCR)是用于去除柴油发动机排放中的氮氧化物。ECU 控制尿素喷射单元向排气管中喷射尿素水溶液,尿素在排气温度下热解和水解放出氨气,氨气在 SCR 催化器中与尾气中的氮氧化物发生催化反应,重新生成 N_2 和 H_2O,从而达到降低柴油发动机氮氧化物排放的目的。

6.2　柴油氧化催化器 DOC

6.2.1　DOC 识别特征

DOC 靠近发动机布置,外形呈圆筒形状,与消声器外形相似,见图 6-10。

在外观结构上,与消声器的主要差别是在 DOC 入口端安装了一个温度传感器,见图 6-11。

单独的 DOC 主要应用于轻型柴油车上,或与 POC(颗粒物氧化催化器,见 6.3 节)、SCR 等后处理装置联合使用。

图 6-10　DOC 外观结构

图 6-11　DOC 入口端安装有氧传感器

6.2.2　DOC 工作原理及特点

DOC 主要以铂、钯和铑等贵金属作为催化剂,主要用来降低尾气中碳氢化合物和一氧化碳含量，以及部分可溶性有机成分 SOF 的含量。由于 DOC 中有铂和钯等贵金属催化剂，因此 DOC 对燃料中的硫特别敏感，很容易引起催化器中毒，因此 DOC 一般适用于含硫较低的柴油。

①DOC 优点：结构简单、制造成本低。

②DOC 缺点：需要高质量高喷射压力的燃油系统；需要高度优化的燃烧技术；对颗粒物的降低能力有限（小于 30%，主要降低可溶性有机成分 SOF）；将重新生成 SO_2 和 SO_3 从而增加颗粒物；仅通过 DOC 后处理技术，不具备从国Ⅳ阶段升级至国Ⅴ阶段的技术连续性。

6.3 柴油氧化催化器 DOC+颗粒物氧化催化器 POC

6.3.1 DOC+POC 识别特征

DOC+POC 封装在同一壳体内，无螺栓连接，与消声器外形相似。在外观结构上，与消声器的主要差别是在 DOC+POC 入口端和出口端各安装了一个压力传感器，见图 6-12 ～图 6-15。

DOC 入口端与发动机排气歧管端相连接。

消声器　　　　　　　　　催化器

图 6-12　消声器及催化器安装位置

图 6-13　催化器外观结构及前后压力传感器布置位置

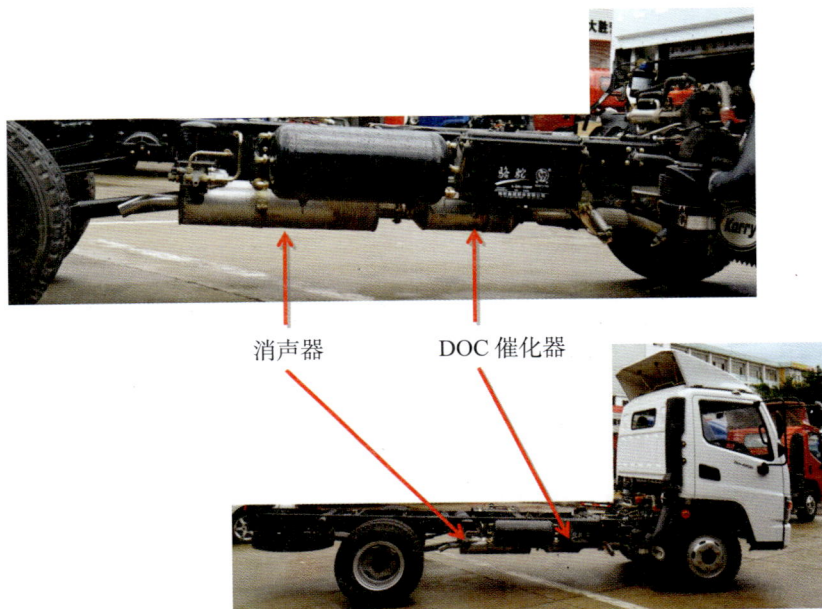

消声器　　　　DOC 催化器

图 6-14　消声器及 DOC 催化器安装位置

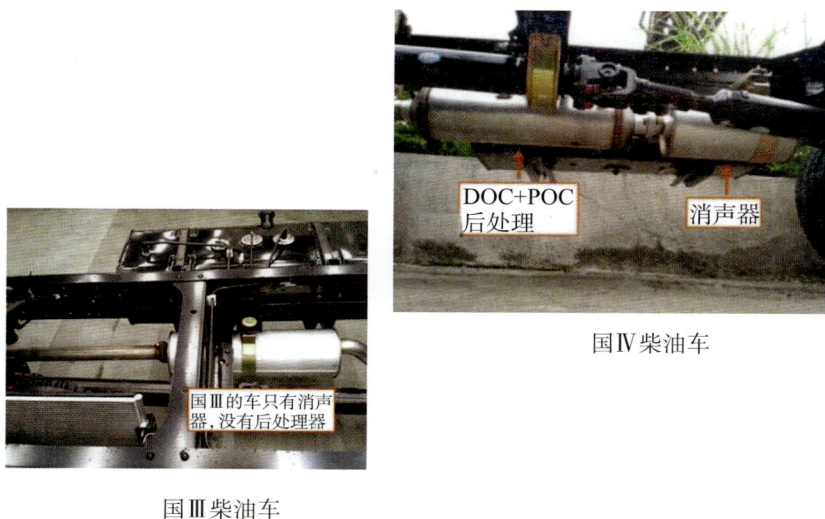

DOC+POC
后处理

消声器

国Ⅳ柴油车

国Ⅲ的车只有消声
器,没有后处理器

国Ⅲ柴油车

图 6-15　国Ⅲ及国Ⅳ柴油机后处理装置的应用

6.3.2　DOC+POC 工作原理及特点

　　颗粒物氧化催化器POC(Partial Oxidation Catalyst)再生需要一定的排气温度,以及一定的NO_2/PM比例,还需要处理尾气中的CO和HC,因此需要与DOC联合使用。POC的工作原理是在前级DOC催化器的氧化作用下,尾气中$NO+O_2\longrightarrow NO_2$,以及柴油机本身缸内的燃烧,产生一定量的$NO_2$,$NO_2$进入POC,在含有贵金属的特殊化学涂层的催化作用下,NO_2分子键在较低温时(250℃左右)就可断裂,$NO_2\longrightarrow NO+O$,产生的O与被捕捉到的C颗粒燃烧,生成CO_2。

　　①DOC+POC技术应用于部分轻型和中型车用柴油机中。

　　②DOC+POC技术优点:结构较简单,制造成本较低。

　　③DOC+POC技术缺点:对发动机原始排放要求苛刻;耐久性缺乏长期实际运行的检验;需要保证全天候被动再生,否则效率低且可能导致POC积累的颗粒物在短时间内集中吹出来。

6.4 颗粒捕集器DPF/柴油氧化催化器DOC+颗粒捕集器DPF

6.4.1 DPF/DOC+DPF 识别特征

DOC 和 DPF 两装置是单独封装的,然后通过螺栓相连接,且 DPF 装置的长度大于 DOC 装置,见图 6-16、图 6-17。

DOC 入口端安装一个温度传感器,DPF 前后两端各安装一个压力传感器,各传感器与一个单独的 ECU 相连接。

DOC 入口端与发动机排气歧管端相连接。

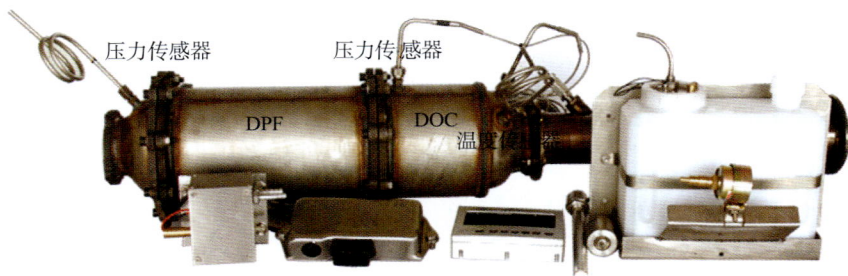

图 6-16 DOC+DPF 尾气处理装置的结构(一)

图 6-17 DOC+DPF 尾气处理装置的结构(二)

6.4.2　DPF/DOC+DPF 工作原理及特点

柴油机颗粒捕集器(DPF)是目前公认的能有效降低柴油机颗粒物排放的后处理技术。按照尾气流通方式,DPF 可以分为直流式颗粒捕集器(FT-DPF)和壁流式颗粒捕集器(WF-DPF)。通常情况下,直流式颗粒捕集器过滤效率可以达到40%～60%,而壁流式颗粒捕集器的过滤效率可达到85%以上。DPF利用过滤体对排气中的颗粒物进行过滤处理,需定时对过滤器内的沉积颗粒物进行清理,即 DPF 再生。

再生通常采用颗粒物燃烧的方式来实现。一般情况下,颗粒物起燃温度一般为550~650℃,高于柴油机的正常排气温度。因此,要使颗粒物燃烧,一是通过在燃油或者过滤体表面加入催化剂,降低颗粒物的反应活化能,从而降低颗粒物的起燃温度,在正常排气温度下使其氧化,即被动再生;二是采用加热技术提高柴油机排气温度或过滤体的温度,达到颗粒物起燃温度,使过滤体内沉积的颗粒物得以燃烧,即主动再生。目前主要利用 DOC 氧化碳氢化合物放热的方式提高 DOC 出口温度(即 DPF 入口温度)予以实现,增加碳氢化合物的方法有缸内后喷柴油或排气管后喷柴油。

①DPF/DOC+DPF技术优点:颗粒物控制效率在85%以上;技术成熟,美国重型车和欧洲轻型车有广泛的应用;对降低城市 $PM_{2.5}$ 非常有效。

②DPF/DOC+DPF技术缺点:成本较高,国内对 DPF 的控制技术相对滞后;发动机的燃油经济性会有所降低;需要使用低灰分润滑油。

鉴于油品及再生控制等问题,目前 DPF 技术在国内国Ⅳ阶段柴油车上尚未得到应用。

7

汽油机排放后处理装置特征识别

本章主要介绍底盘式三元催化转化器、紧耦合式三元催化转化器及其氧传感器的布置位置和外观特征差异，阐述识别不同类型三元催化转化器的方法。

7.1 底盘式三元催化转化器

7.1.1 底盘式三元催化转化器识别特征

三元催化转化器布置在底盘下，且在三元催化转化器入口端安装一个氧传感器（前级），出口端未安装氧传感器（后级），见图7-1、图7-2。

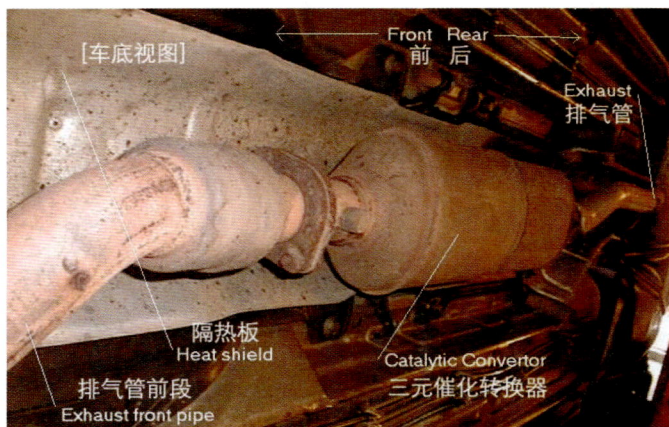

图 7-1 装有三元催化转化器的排气系统

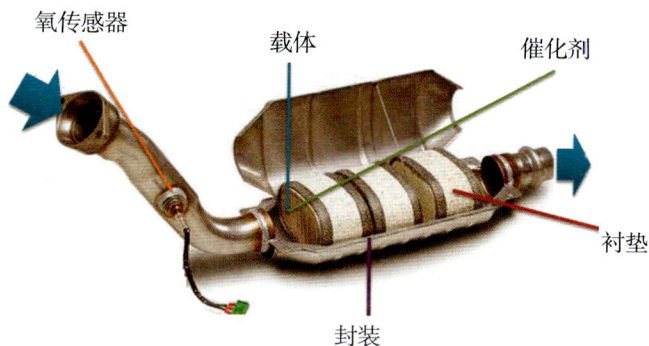

图 7-2　三元催化转化器结构

7.1.2　底盘式三元催化转化器布置特点

底盘式三元催化器主要大量应用于国Ⅱ及之前排放阶段的汽油车上。随着排放法规的加严,该布置已经不能满足越来越苛刻的排放法规的要求。

①优点:布置空间较为宽广。

②缺点:因为离发动机排气出口的距离相对较远,催化器的起燃时间较长,所以发动机在起动时的排放值相对比较高。

7.2　紧耦合式三元催化转化器

7.2.1　紧耦合式三元催化转化器识别特征

紧耦合式三元催化转化器安装在发动机排气歧管处,见图 7-3 和图 7-4。

排气歧管

图 7-3　紧耦合式三元催化转化器（一）

图 7-4　紧耦合式三元催化转化器（二）

7.2.2　紧耦合式三元催化转化器布置特点

紧耦合式三元催化器主要是满足国Ⅲ及以上阶段排放法规的要求。

优点：离发动机排气歧管较近，具有较好的起燃特性。

要求：若要满足更为严格的排放法规，则三元催化器的前后总体积较大，且前级催化器要求的贵金属含量较高。

目前车辆上的三元催化器前后各安装一个氧传感器（参见第3章中3.3节所述）。前氧传感器的作用是检测发动机不同工况的空燃比，同时电脑根据该信号调整喷油量和计算点火时间。后氧传感器的主要作用是检测三元催化器的工作情况，即催化器的转化率。通过与前氧传感器的数据做比较是检测三元催化器是否正常工作的重要依据。

附录　我国机动车排放标准进程表

车型与年份	1999	2000	2001	2002	2003	2004	2005	2006	2007	2008	2009	2010	2011	2012	2013	2014	2015	2016	2017	2018
轻型汽车 点燃式	国0	国0	国0	国I	国I	国I	国I	国II	国II	国II	国II	国III	国III	国III	国III	国IV	国IV	国IV	国IV	国V
轻型汽车 压燃式	国0	国0	国0	国I	国I	国I	国II	国II	国II	国II	国II	国II	国III	国III	国III	国IV	国IV	国IV	国IV	国V
轻型汽车 气体点燃式	国0	国0	国0	国I	国I	国I	国I	国II	国II	国II	国II	国III	国III	国III	国III	国IV	国IV	国IV	国IV	国V
重型汽车 点燃式	国0	国0	国0	国0	国0	国I	国II	国II	国II	国II	国II	国II	国II	国II	国II	国II	国IV	国IV	国IV	国V
重型汽车 压燃式	国0	国0	国0	国0	国I	国I	国II	国II	国II	国III	国III	国III	国III	国III	国III	国IV	国IV	国IV	国IV	国V
重型汽车 气体点燃式	国0	国0	国0	国I	国I	国I	国II	国II	国II	国II	国III	国III	国III	国III	国III	国IV	国IV	国IV	国IV	国V
摩托车 两轮和轻便摩托车	国I	国I	国I	国I	国I	国I	国I	国I	国II	国II	国II	国III	国III	国III	国III	国III	国III			
摩托车 三轮摩托车	国I	国I	国I	国I	国I	国I	国I	国II	国II	国II	国II	国II	国II	国II	国III	国III	国III			
低速汽车	国0	国0	国0	国0	国0	国0	国0	国0	国I	国II	国II	国II	国II	国II	国II	国II	国II			
非道路移动机械用柴油机	国0	国0	国0	国0	国0	国0	国0	国0	国0	国I	国I	国II	国II	国II	国II	国II	国II			
非道路移动机械用小型点燃式发动机	国0	国0	国0	国0	国0	国0	国0	国0	国0	国0	国0	国0	国I	国I	国II	国II	国III			

内容提要

　　本书采用浅显易懂、图文并茂的形式，综述了汽车排放污染物的来源及形成机理、汽车排放控制系统中典型的排放关键装置(燃油喷射系统、涡轮增压器、废气再循环系统、排放后处理系统、OBD 系统)的工作原理、技术发展历程以及外观特征识别方法。本书主要面向机动车环保、监管等职业的从业人员，也可供机动车排放控制相关行业人员学习参考。

图书在版编目(CIP)数据

　　汽车排放污染控制系统简明教程 / 李孟良，周华主编. —武汉：武汉理工大学出版社，2015.8

　　ISBN 978-7-5629-4948-0

　　Ⅰ.①汽⋯　Ⅱ.①李⋯　　②周⋯　Ⅲ.①汽车排气污染—污染控制—教材

Ⅳ.①X734.201

　　中国版本图书馆 CIP 数据核字(2015)第 194571 号

项目负责人:王兆国　　　　　**责任编辑:**王兆国
责 任 校 对:余晓亮　李正武　　**装帧设计:**许伶俐
出 版 发 行:武汉理工大学出版社
网　　　　址:http://www.techbook.com.cn
地　　　　址:武汉市洪山区珞狮路 122 号
邮　　　　编:430070
印　　刷　者:崇阳文昌印务有限责任公司
发　　行　者:各地新华书店
开　　　　本:787×960　　1/16
印　　　　张:5
字　　　　数:100 千字
版　　　　次:2015 年 8 月第 1 版　2015 年 8 月第 1 次印刷
定　　　　价:39.00 元